职业教育计算机相关专业
校企互动应用型系列教材

网页设计与开发

（HTML5+CSS3）

王宁娟　主　编
贾建军　副主编

电子工业出版社
Publishing House of Electronics Industry
北京·BEIJING

内 容 简 介

本书分为 9 个项目，内容包括利用 HTML5 制作图文混排页面，利用 HTML5 搭建网页结构，利用 CSS3 美化网页文本，利用 CSS3 新增的选择器制作网页，利用盒子模型布局网页，利用 CSS3 美化列表样式，利用 CSS3 美化表格和表单样式，利用 CSS3 制作网页特效，以及实战开发部分。其中项目 1～项目 8 配备了拓展任务，并以思维导图的形式呈现知识小结，内容直观清晰。项目 9 是实战开发部分，综合运用前面所学知识点制作信息技术网站首页。

本书可作为职业院校移动互联网应用技术专业、计算机网络技术专业、计算机应用及相关专业的"网页设计"或"网站开发"课程的教材，也可作为网页设计爱好者的参考书。

未经许可，不得以任何方式复制或抄袭本书之部分或全部内容。
版权所有，侵权必究。

图书在版编目（CIP）数据

网页设计与开发：HTML5+CSS3 / 王宁娟主编.
北京：电子工业出版社，2025.5. -- ISBN 978-7-121-49989-0

Ⅰ. TP393.092

中国国家版本馆 CIP 数据核字第 20250RW097 号

责任编辑：罗美娜
印　　刷：河北虎彩印刷有限公司
装　　订：河北虎彩印刷有限公司
出版发行：电子工业出版社
　　　　　北京市海淀区万寿路 173 信箱　　邮编：100036
开　　本：880×1 230　1/16　印张：18.25　字数：397 千字
版　　次：2025 年 5 月第 1 版
印　　次：2025 年 5 月第 1 次印刷
定　　价：49.80 元

凡所购买电子工业出版社图书有缺损问题，请向购买书店调换。若书店售缺，请与本社发行部联系，联系及邮购电话：（010）88254888，88258888。
质量投诉请发邮件至 zlts@phei.com.cn，盗版侵权举报请发邮件至 dbqq@phei.com.cn。
本书咨询联系方式：（010）88254617，luomn@phei.com.cn。

前言

HTML 和 CSS 是网页制作或网站前端开发的基础和核心，是每个网页制作者或网站开发技术人员需要掌握的内容，两者在网页设计中不可或缺。HTML 主要用于搭建网页内容结构，CSS 主要用于定义或设置网页内容的表现形式，利用 HTML 和 CSS 可以使网页结构布局合理、内容展现效果精美，实现结构布局与内容表现的完美结合。

本书共 9 个项目，下面分别对每个项目进行简要的介绍。

项目 1 主要介绍网页制作软件的应用方法、HTML5 语法、HTML5 常用的页面格式化标签、HTML5 标签常用的属性、文本样式标签、文本格式化标签、文本语义标签、图像标签、超链接标签、音频和视频标签等。通过对本项目的学习，读者能够熟悉 HTML5 文档基本结构、常用标签及属性的用法。

项目 2 主要介绍 HTML5 新增的网页结构元素及属性，包括列表元素（ul、ol、dl）、结构元素（header、nav、article、section、aside、footer）、分组元素（figure、figcaption、hgroup）、页面交互元素（details、summary）及 HTML5 的全局属性。通过对本项目的学习，读者可以利用结构元素对网页内容进行模块划分，使网页代码的编写更加规整和清晰，也可以利用一些分组或页面交互元素实现内容的分组或交互效果。

项目 3 主要介绍引入 CSS3 样式的方法、CSS3 样式规则、CSS3 基础选择器与复合选择器的用法、CSS3 控制文本样式的属性及 CSS3 的高级特性（层叠性、继承性）等。通过对本项目的学习，读者可以理解 CSS3 的意义所在（实现网页结构与表现的分离）及 CSS3 样式和选择器如何使用，并能够熟练利用 CSS3 文本样式按需对网页文本进行外观样式的设置。

项目 4 主要介绍 CSS3 新增的选择器，包括属性选择器、关系选择器（子代选择器、兄弟选择器）、结构化伪类选择器（:root、:not、:only-child、:first-child、:last-child、:nth-child(n)、:nth-last-child(n)、:nth-of-type(n)、:nth-last-of-type(n)）、伪元素选择器（:before、:after）及链接伪类选择器。通过对本项目的学习，读者能够根据不同场景熟练选择不同选择器。

项目 5 主要介绍 CSS3 盒子模型的相关属性（border、margin、padding、border-radius、box-sizing、box-shadow 等）、元素的浮动定位（float、position）、清除浮动、背景属性、opacity 属性、渐变属性及网页布局等知识。通过对本项目的学习，读者可以熟练运用盒子模型进行网页布局，以及利用盒子模型相关属性控制网页中内容的样式等。

项目 6 主要介绍 CSS3 美化列表样式的综合应用。通过对本项目的学习，读者可以熟练利用列表元素和 CSS3 完成网页中多个应用场景的制作。

项目 7 主要介绍表格和表单相关元素和属性的使用方法和意义。通过对本项目的学习，读者可以熟练利用表格和表单元素完成网页中相关模块的制作。

项目 8 主要介绍利用 CSS3 制作网页特效（包括变形、过渡、动画）的方法。通过对本项目的学习，读者可以熟练利用相关属性实现页面元素的平移、缩放、倾斜、旋转、过渡及动画等特效。

项目 9 是实战开发，综合利用前面所学知识点完成一个信息技术网站首页的制作。通过本项目的实战，读者可以熟悉一个项目完整的制作流程和思路。

本书由长期工作在职业教育一线的教师团队编写，由珠海市技师学院王宁娟担任主编，负责全书内容统筹、策划与审稿，由北京市劲松职业高中贾建军担任副主编，司马晶钰、叶英华、甘金燕、周泽裕、郭婉晴、李康和参与了本书的编写。编写人员的具体分工如下：项目 1 由司马晶钰编写，项目 2、课后习题及部分配套数字资源由叶英华编写，项目 3 由甘金燕编写，项目 4 由周泽裕编写，项目 5 由郭婉晴编写，项目 6 由李康和编写，项目 7、项目 8 由王宁娟编写，项目 9 由贾建军编写。为了方便教师教学，本书提供了配套的源代码、电子教案、演示文稿、课程标准、试卷等数字资源，如有需要可登录华信教育资源网免费下载。

由于编者水平有限，书中难免存在不足之处，敬请广大读者批评指正。

编　者

目录

项目1 利用HTML5制作图文混排页面 1

  任务1 第一个网页的创建 3

  任务2 页面格式化标签的应用 9

  任务3 HTML5标签属性的应用 11

  任务4 文本样式标签的应用 12

  任务5 文本格式化标签的应用 14

  任务6 文本语义标签的应用 15

  任务7 图像标签的应用 16

  任务8 超链接标签的应用 19

  任务9 音频和视频标签的应用 21

  项目实战 制作杭州亚运会精彩赏析 23

  课后习题 28

项目2 利用HTML5搭建网页结构 30

  任务1 ul元素的应用 32

  任务2 ol元素的应用 34

  任务3 dl元素的应用 35

  任务4 列表的嵌套应用 36

  任务5 header元素的应用 38

  任务6 nav元素的应用 39

  任务7 article、section、aside、footer元素的应用 40

  任务8 figure和figcaption元素的应用 43

  任务9 hgroup元素的应用 44

  任务10 details和summary元素的应用 46

项目实战　制作"青少年心理健康教育"页面 48
　　课后习题 53

项目 3　利用 CSS3 美化网页文本 56

　　任务 1　行内式的应用 57
　　任务 2　内嵌式的应用 59
　　任务 3　链入式的应用 61
　　任务 4　导入式的应用 63
　　任务 5　标签选择器和类选择器的应用 64
　　任务 6　ID 选择器的应用 66
　　任务 7　通配符选择器的应用 67
　　任务 8　标签指定式选择器的应用 69
　　任务 9　后代选择器的应用 70
　　任务 10　并集选择器的应用 72
　　任务 11　字体样式属性的应用 73
　　任务 12　@font-face 的应用 75
　　任务 13　文本外观属性的应用 77
　　任务 14　文本装饰与文本阴影属性的应用 80
　　任务 15　文本溢出属性的应用 82
　　任务 16　CSS3 层叠性和继承性的应用 83
　　任务 17　CSS3 优先级的应用 85
　　项目实战　制作"反诈小课堂"页面 87
　　课后习题 91

项目 4　利用 CSS3 新增的选择器制作网页 93

　　任务 1　属性选择器的应用 94
　　任务 2　子代选择器的应用 97
　　任务 3　兄弟选择器的应用 99
　　任务 4　:root 选择器的应用 101
　　任务 5　:not 选择器的应用 102
　　任务 6　:only-child 选择器的应用 104
　　任务 7　:first-child 和:last-child 选择器的应用 106
　　任务 8　:nth-child(n)和:nth-last-child(n)选择器的应用 107

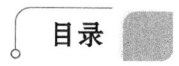

任务 9 :nth-of-type(n)和:nth-last-of-type(n)选择器的应用 109

任务 10 :before 选择器的应用 111

任务 11 :after 选择器的应用 112

任务 12 链接伪类选择器的应用 113

项目实战 制作"安全教育"页面 115

课后习题 118

项目 5 利用盒子模型布局网页 120

任务 1 盒子模型基本属性的应用 121

任务 2 border 属性的应用 123

任务 3 border-radius 属性的应用 126

任务 4 padding 和 margin 属性的应用 128

任务 5 box-sizing 属性的应用 131

任务 6 box-shadow 属性的应用 133

任务 7 float 属性的应用 134

任务 8 盒子模型清除浮动的应用 136

任务 9 position 属性的应用 140

任务 10 背景属性的应用 144

任务 11 opacity 属性的应用 148

任务 12 渐变属性的应用 150

任务 13 重复渐变属性的应用 152

任务 14 使用盒子模型布局网页 154

项目实战 制作"消防安全知识教育"页面 157

课后习题 161

项目 6 利用 CSS3 美化列表样式 164

任务 1 设置列表项目符号 165

任务 2 制作横向导航 167

任务 3 制作立体导航 170

任务 4 制作下拉式菜单导航 172

任务 5 制作下拉式面板导航 176

任务 6 制作旅游攻略栏目 179

任务 7 设计图片列表版式 181

项目实战　制作"青年教育宣传"页面……185
课后习题……190

项目 7　利用 CSS3 美化表格和表单样式……192

任务 1　设置表格的背景颜色……193

任务 2　设置表格的边框样式……195

任务 3　设置单元格的边框样式……198

任务 4　设置表头的样式……201

任务 5　制作网页通讯录……205

任务 6　制作用户登录表单……208

任务 7　制作并美化用户注册表单……211

任务 8　制作并美化用户信息注册表单……214

项目实战　制作"景点排行榜"页面……220

课后习题……228

项目 8　利用 CSS3 制作网页特效……230

任务 1　定义平移效果……231

任务 2　定义缩放效果……233

任务 3　定义倾斜效果……235

任务 4　定义 2D 旋转效果……236

任务 5　定义变形原点……238

任务 6　定义 3D 旋转效果……240

任务 7　定义过渡效果……244

任务 8　设置过渡效果持续时间……246

任务 9　定义过渡效果速度曲线……248

任务 10　制作 CSS3 动画效果……250

项目实战　制作"旋转的 3D 相册"页面……254

课后习题……260

项目 9　实战开发——制作信息技术网站首页……261

项目 1

利用 HTML5 制作图文混排页面

● 项目描述

某学员想要制作一个以"杭州亚运会"为主题的图文混排页面，目前，静态网页设计主要以 HTML5 为主，但他还是零基础，不知道怎样才能制作出一个图文混排页面。

本项目主要介绍 HTML5 基本结构与常用标签的用法，通过这些标签及相应的属性设置，就可以制作出一个基本的图文混排页面了。

● 项目效果

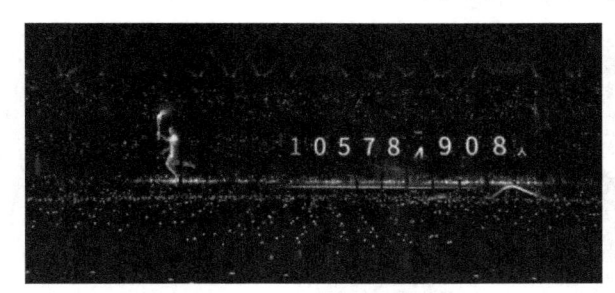

"国风雅韵"篇章

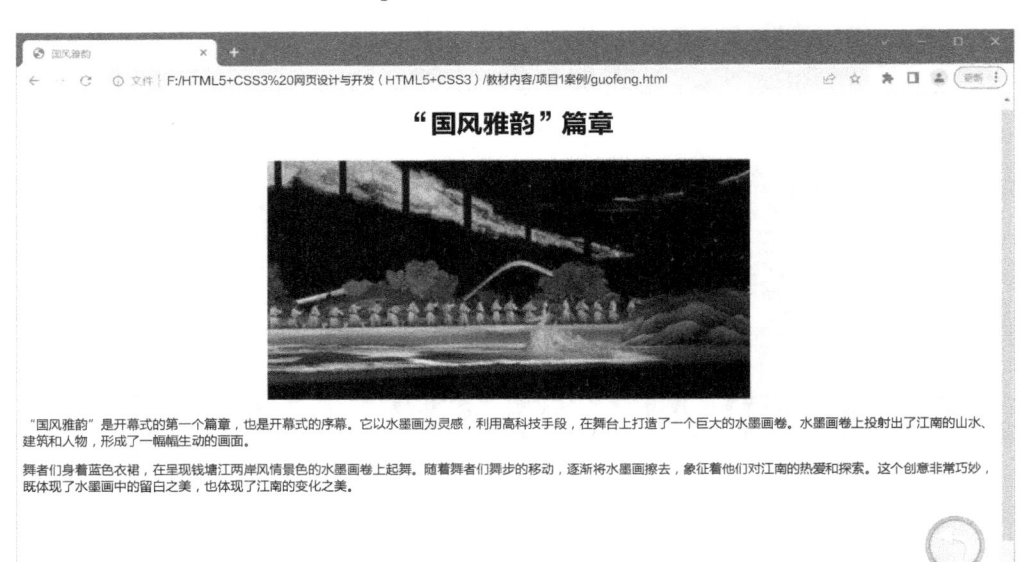

"国风雅韵"是开幕式的第一个篇章,也是开幕式的序幕。它以水墨画为灵感,利用高科技手段,在舞台上打造了一个巨大的水墨画卷。水墨画卷上投射出了江南的山水、建筑和人物,形成了一幅幅生动的画面。

舞者们身着蓝色衣裙,在呈现钱塘江两岸风情景色的水墨画卷上起舞。随着舞者们舞步的移动,逐渐将水墨画擦去,象征着他们对江南的热爱和探索。这个创意非常巧妙,既体现了水墨画中的留白之美,也体现了江南的变化之美。

"钱塘潮涌"篇章

地屏上,交叉潮、一线潮、冲天潮、鱼鳞潮、回头潮等多样化的钱塘潮形此起彼伏,带来生生不息的自然律动……在刚刚结束的亚运会开幕式上,文艺表演"钱塘潮涌"用数字复刻了澎湃奔腾的钱塘江潮,给观众带来了极致的科技震撼。

音乐与舞蹈在这里交织,以沃野渔歌的形式唱出了**绿水青山**与**金山银山**的故事。这部分突出了自然风光和环境保护的主题,同时强调了中国的繁荣和发展。

"携手同行"篇章

这一篇章呈现了杭州独特的江南水乡文化底色。通过宋韵与芭蕾共舞、音乐剧与越剧同歌的方式展示了多元文化的交融与和谐。这也代表了中国在当今世界上的多元和包容。

项目 1 利用 HTML5 制作图文混排页面

知识目标

1. 了解 HTML5 基本结构及相关标签的用法和含义。
2. 熟悉 HTML5 的语法规则。
3. 掌握 HTML5 文本控制标签、图像标签等的用法。
4. 熟悉 HTML5 常用的开发工具。

技能目标

1. 能利用 HTML5 标签制作一个网页。
2. 能对网页添加标题并进行文本颜色和对齐方式的设置。
3. 能在网页中添加水平线并进行相应的属性设置。
4. 能制作出图文混排页面。
5. 能完成页面之间超链接的设置。

素质目标

1. 通过网页内容，引导学生关注社会热点，培养积极良好的品质。
2. 在学习网页制作的过程中，培养学生探索、创新、实践、协作的职业素养。
3. 通过学习编程，培养学生的信息素养和逻辑思维能力。

任务 1　第一个网页的创建

任务描述

利用网页编辑软件创建第一个网页，要求网页标题显示"第一个网页"，效果如图 1-1 所示。

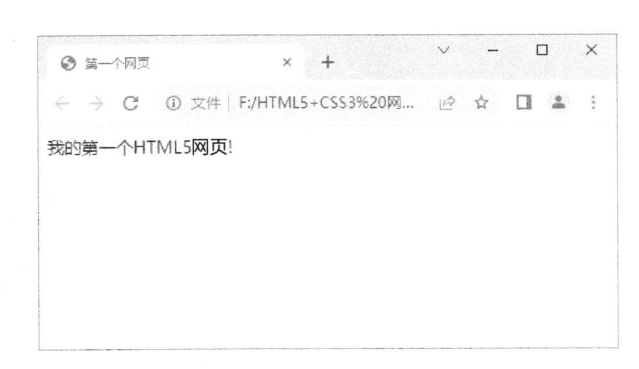

图 1-1　任务 1 效果

任务实现

目前流行的网页制作工具有很多种，如 Dreamweaver、Visual Studio Code（简称 VS Code）、sublime_text3、HBuilder 等，建议初学者使用比较容易上手的 Dreamweaver，而推荐开发

者使用 VS Code。

接下来分别使用 Adobe Dreamweaver 和 VS Code 来创建一个 HTML5 网页，以使读者熟悉这两个软件的用法，之后读者可依据个人习惯选择使用。

使用 Dreamweaver 创建网页的具体步骤如下。

（1）打开 Dreamweaver，选择菜单栏中的"文件"→"新建"命令（或点击页面左侧的"新建"按钮），弹出"新建文档"对话框，文档类型默认选择第一个 HTML，其余设置保持默认，如图 1-2 所示。

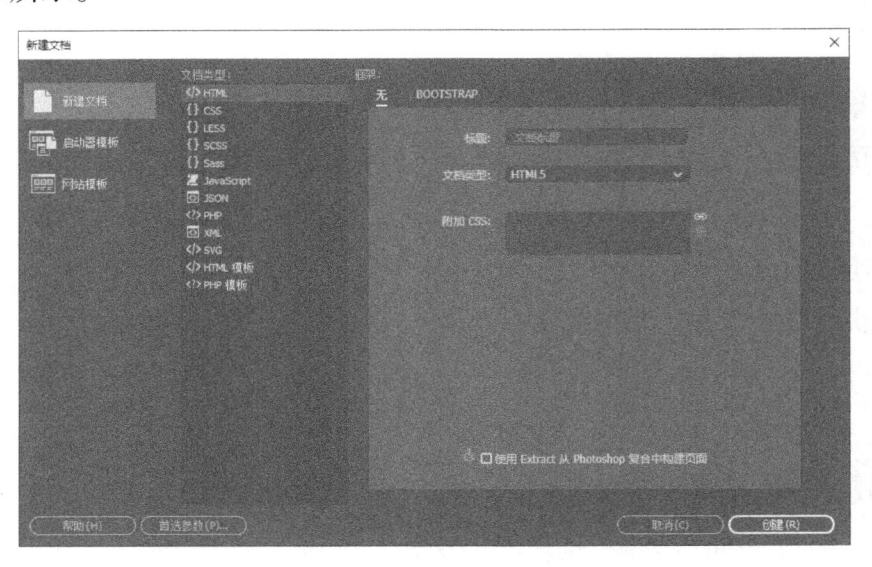

图 1-2　新建 HTML5 默认文档入口

（2）点击"创建"按钮，将会新建一个 HTML5 默认文档，并默认打开"拆分"视图，这时在代码窗口中会出现 Dreamweaver 自带的代码，如图 1-3 所示。

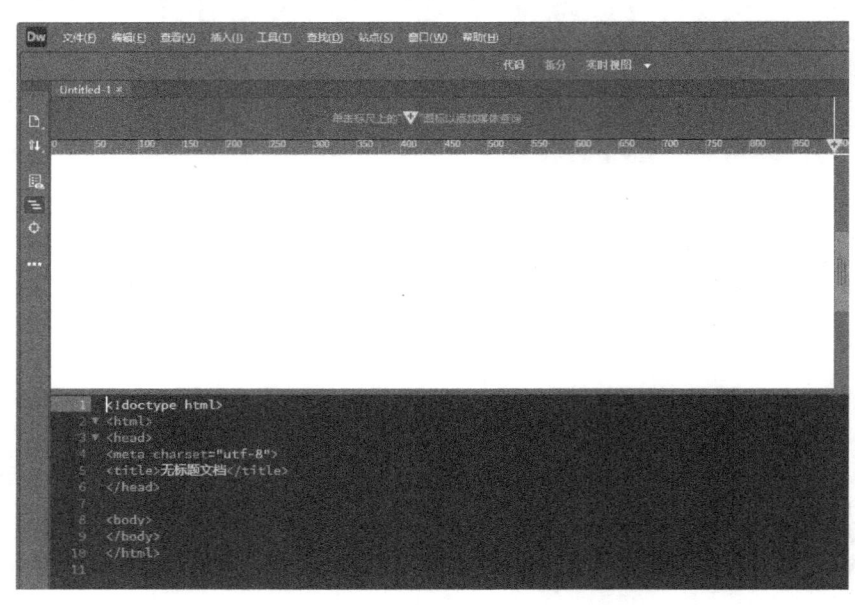

图 1-3　HTML5 文档"拆分"视图

（3）修改 HTML5 文档标题与网页主体内容，具体代码如 1-1.html 所示。

1-1.html

```
<!doctype html>
<html>
<head>
<meta charset="utf-8">
<title>第一个网页</title>
</head>

<body>
我的第一个 HTML5 网页！
</body>
</html>
```

（4）在菜单栏中选择"文件"→"保存"命令（快捷键为 Ctrl+S），在弹出的"另存为"对话框（见图 1-4）中选择文件的保存位置、输入文件名并点击"保存"按钮即可保存文件。例如，本任务将文件命名为 1-1.html，并保存在 D 盘的"项目 1"文件夹中。

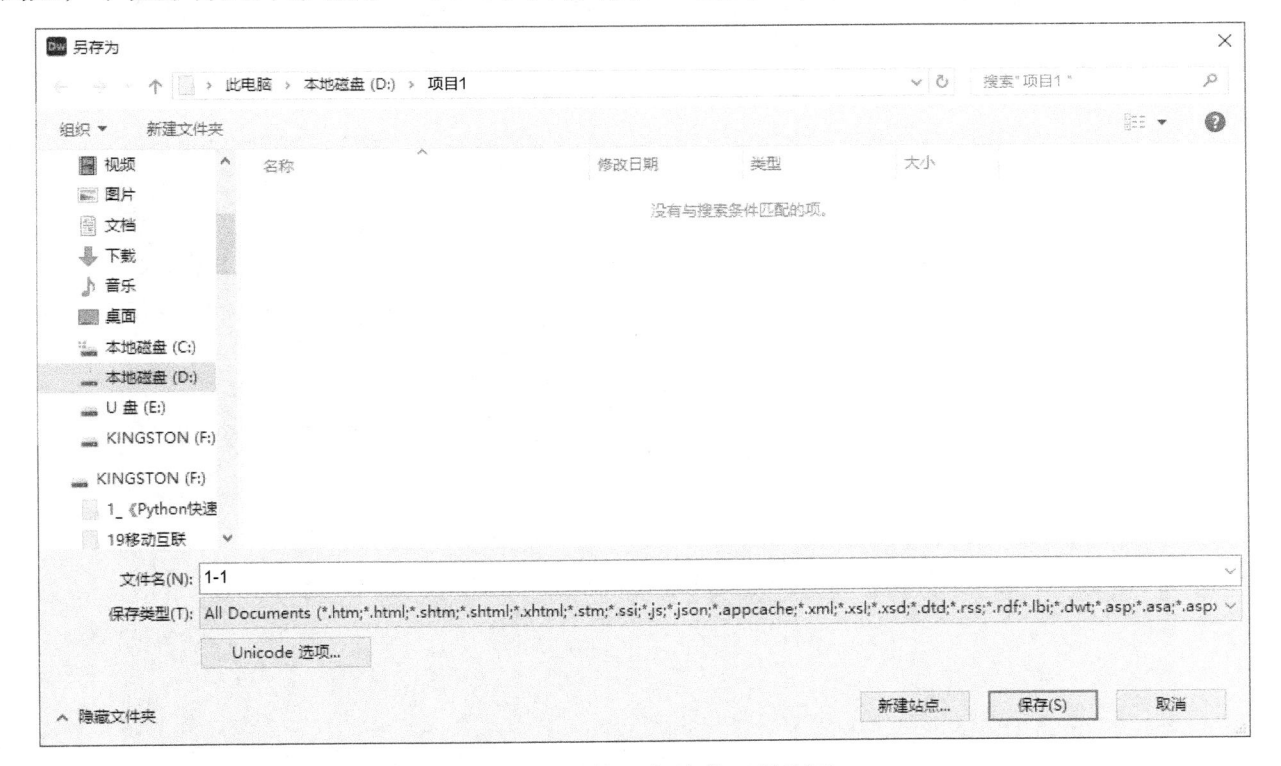

图 1-4 "另存为"对话框

（5）在 Chrome 浏览器中运行 1-1.html，效果如图 1-1 所示。

使用 VS Code 创建网页的具体步骤如下。

（1）启动 VS Code 软件后，在左侧"资源管理器"下点击"打开文件夹"按钮（见图 1-5），连接到根目录文件夹 HTML（见图 1-6）。

图 1-5　点击"打开文件夹"按钮

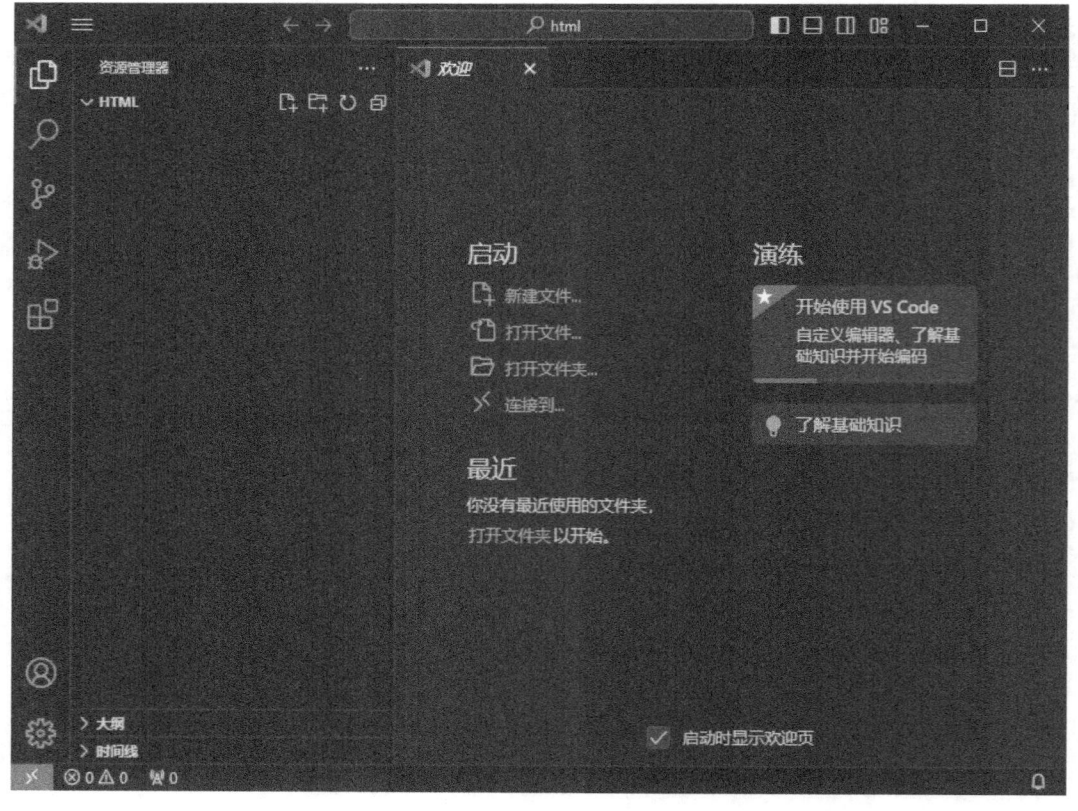

图 1-6　连接到根目录文件夹 HTML

（2）首先在根目录文件夹 HTML 右侧点击 图标新建文件（也可在右侧"启动"下选择"新建文件"命令），将其命名为 1-1.html，然后在右侧页面按 Shift+！快捷键（见图 1-7），并按回车键，即可看到完整的页面框架，在<body>标签中加入页面内容即可（见图 1-8），操作完成后直接按 Ctrl+S 快捷键进行保存，就可在根目录文件夹 HTML 中打开制作完成后的网页进行预览，也可点击软件左侧的运行和调试图标 ，并点击"运行和调试"按钮（见图 1-9），选择合适的浏览器进行预览。

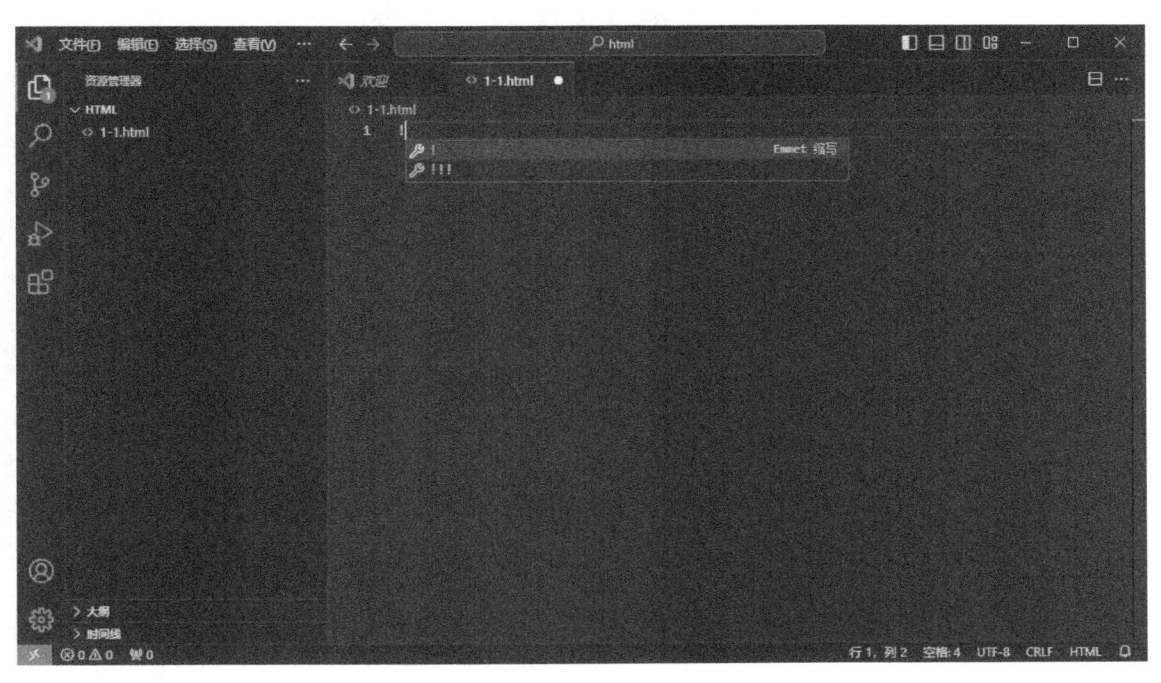

图 1-7　按 Shift+！快捷键

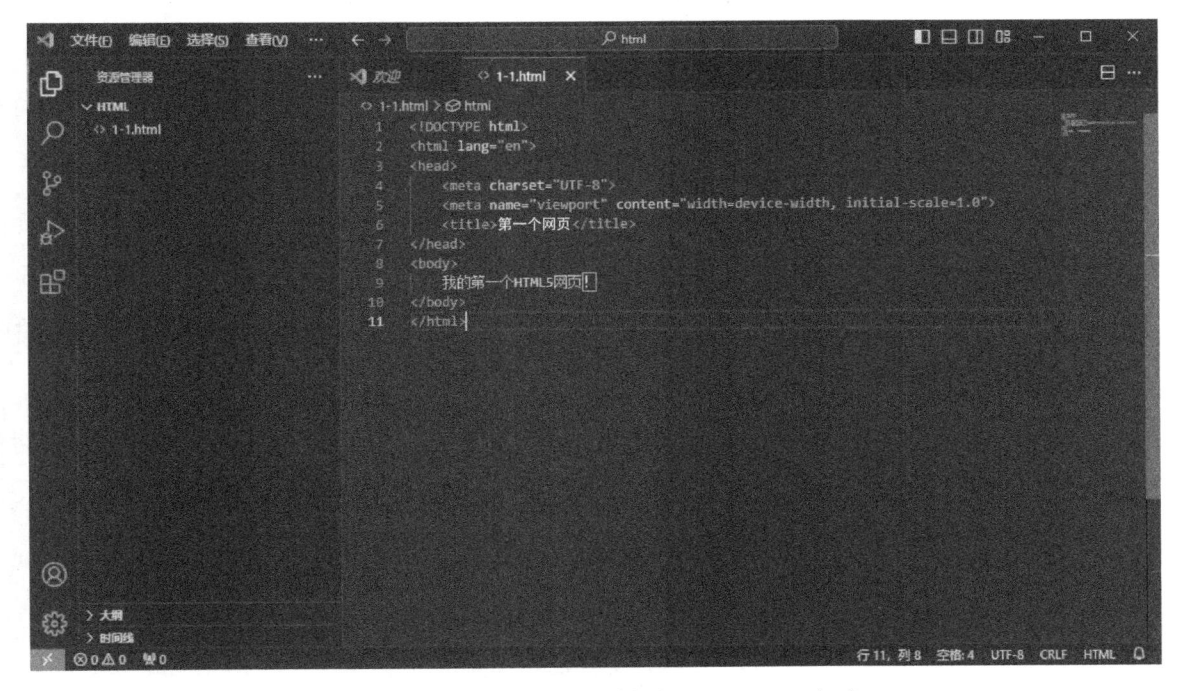

图 1-8　在<body>标签中加入页面内容

图1-9 点击"运行和调试"按钮

知识点拨

（1）HTML5作为HTML（超文本标记语言）目前最新的版本，包含了许多功能，近年来成了互联网的热门话题。相比旧版本，HTML5的优势主要体现在兼容性好、合理、易用3方面。

（2）HTML5文档自带的源代码构成了文档的基本格式，其中主要包括<!DOCTYPE>（文档类型声明）、<html>（根标签）、<head>（头部标签）、<meta>（元数据标签）、<title>（页面标题标签）、<body>（主体标签），具体介绍如下。

- <!DOCTYPE>标签。

<!DOCTYPE>标签位于文档的最前面，用于声明文档的类型。

- <html>标签。

<html>标签是HTML5的根标签，用于标识此文档是一个HTML5文档，<html>和</html>标签分别标志着HTML5文档的开始和结束，它们之间存放的是文档的头部和主体内容。

- <head>标签。

<head>标签用于定义HTML5文档的头部信息，也被称为头部标签，一个HTML5文档只能含有一对<head>标签，绝大多数文档头部包含的数据不会真正作为内容显示在页面中。

- <meta>标签。

<meta>标签提供了关于HTML5的元数据，不会显示在页面中，一般用于向浏览器传递信息或命令。其也可以作为搜索引擎，或者用于其他Web服务。经常在源代码中看到的<meta charset="utf-8">用于说明HTML5文档的字符集为utf-8（国际化编码），如果网页中出现乱码，则可以考虑是否此处出现了错误。在一个HTML5头部页面中可以有多个meta元素。

<meta>标签有多个功能，例如，它可以设置页面关键字，代码为<meta name="keyname" content="具体的关键字">。另外，它还可以设置页面的描述、设定作者的信息等，这里就不再

——介绍了。

- <title>标签。

<title>标签用于定义 HTML5 页面标题。

- <body>标签。

<body>标签用于定义 HTML5 文档所要显示的内容，也被称为主体标签。<body>标签中的信息最终将展示给用户。一个 HTML5 文档只能含有一对<body>标签，且<body>标签必须在<html>标签之内、<head>标签之后，与<head>标签是并列关系。

任务 2　页面格式化标签的应用

任务描述

利用页面格式化标签（标题标签、段落标签、水平线标签）综合完成图 1-10 所示的关于科普网络安全的网页。

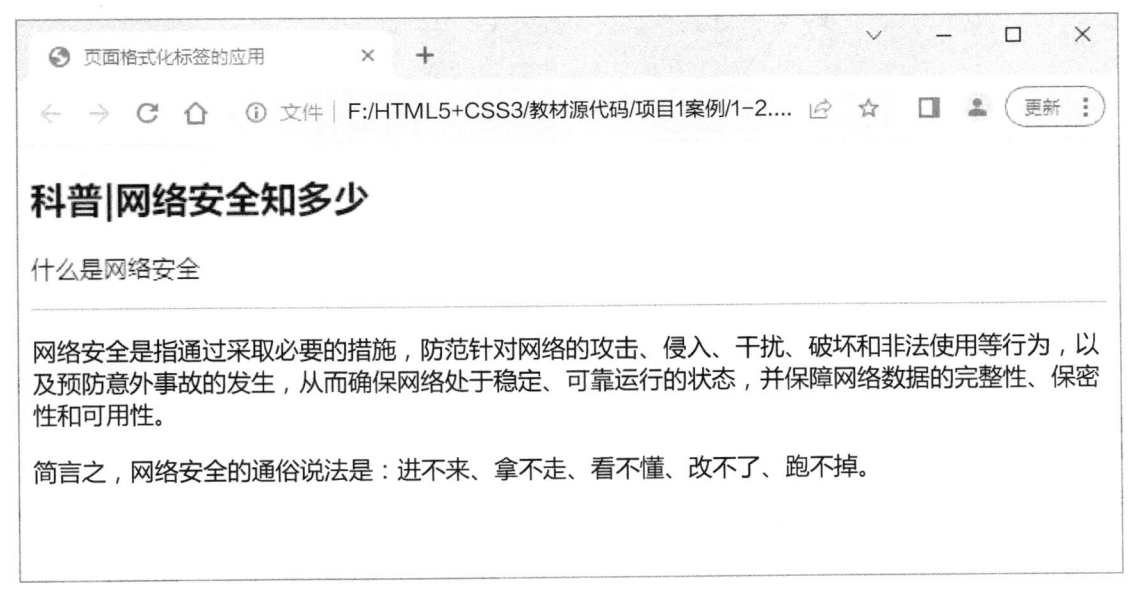

图 1-10　任务 2 效果

任务实现

1-2.html

```
<!doctype html>
<html>
```

```
<head>
<meta charset="utf-8">
<title>页面格式化标签的应用</title>
</head>
<body>
<h2>科普|网络安全知多少</h2>   <!--标题标签-->
<p>什么是网络安全</p>
<hr/>    <!--水平线标签-->
<p>网络安全是指通过采取必要的措施，防范针对网络的攻击、侵入、干扰、破坏和非法使用等行为，以及预防意外事故的发生，从而确保网络处于稳定、可靠运行的状态，并保障网络数据的完整性、保密性和可用性。</p>
<p>简言之，网络安全的通俗说法是：进不来、拿不走、看不懂、改不了、跑不掉。</p>
</body>
</html>
```

知识点拨

1. 标题标签

HTML5 定义了 6 个等级的标题标签，分别为<h1>、<h2>、<h3>、<h4>、<h5>和<h6>，字体大小按顺序由大到小。具体用法：<h2>标题文本</h2>。

2. 段落标签

在网页中使用<p>标签定义段落。它是 HTML5 中常见的标签。具体用法：<p>段落文本</p>。

3. 水平线标签

<hr/>是水平线标签，用于在网页中添加水平线。

4. 注释标签

在 HTML5 文档中，为了便于开发者阅读和理解页面中部分代码的作用或功能，需要添加一些注释，使用的是注释标签，格式为<!--注释标签-->。注释内容不会显示在浏览器窗口中，但在查看源代码时可以看到。

5. 知识补充：换行标签

是换行标签，用于实现自动换行效果。

6. 知识补充：单标签和双标签

在 HTML 页面中，带有"<>"符号的元素被称为 HTML 标签，也被称为 HTML 标记或

HTML 元素。大部分标签是成对出现的，如<body></body>等，也有像水平线标签<hr/>这种单独出现的。单标签用法：<标签名/>。双标签用法：<标签名>内容</标签名>。

任务 3　HTML5 标签属性的应用

任务描述

利用 HTML5 标签属性对任务 2 中的网页样式进行编辑，要求标题内容居中显示，水平线加粗显示并添加相应颜色，重点文本信息加粗显示，效果如图 1-11 所示。

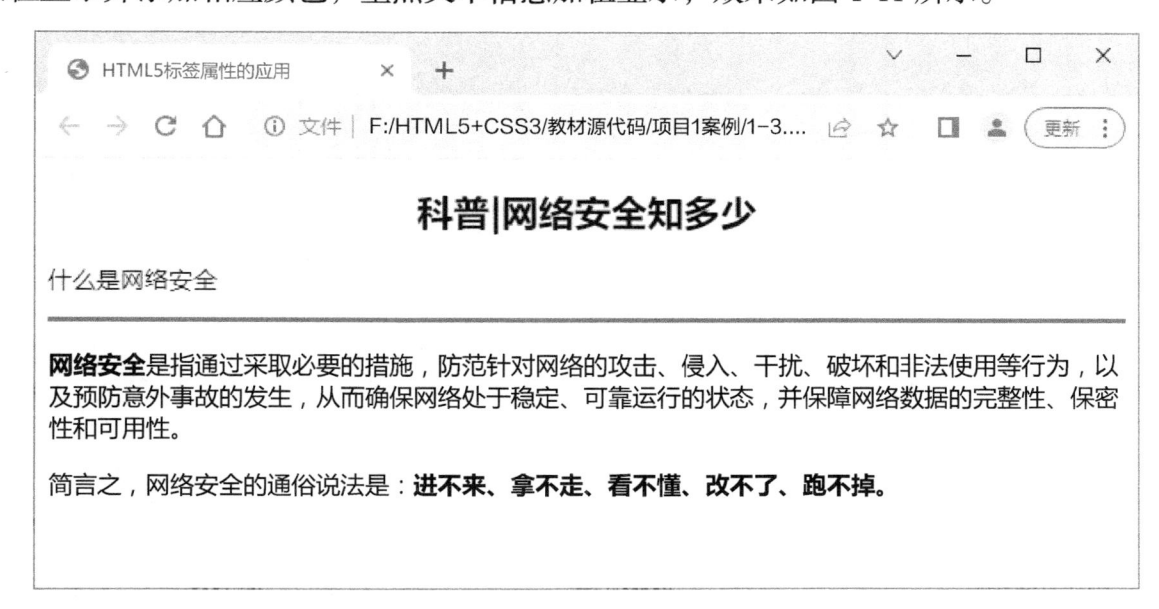

图 1-11　任务 3 效果

任务实现

1-3.html

```
<!doctype html>
<html>
<head>
<meta charset="utf-8">
<title>HTML5 标签属性的应用</title>
</head>
<body>
<h2 align="center">科普|网络安全知多少</h2>
```

```
<p>什么是网络安全</p>
<hr/>
<p><strong>网络安全</strong>是指通过采取必要的措施,防范针对网络的攻击、侵入、干扰、破坏和非法使用等行为,以及预防意外事故的发生,从而确保网络处于稳定、可靠运行的状态,以及保障网络数据的完整性、保密性和可用性。</p>
<p>简言之,网络安全的通俗说法是:<strong>进不来、拿不走、看不懂、改不了、跑不掉。
</strong></p>   <!--<strong>标签用于对文本进行加粗-->
</body>
</html>
```

知识点拨

HTML5 标签拥有多个属性,可以通过"属性=属性值"的方式为标签添加属性,基本格式如下。

`<标签名 属性1="属性值1" 属性2="属性值2" ...>内容</标签名>`

例如,`<hr size="2" color="#CCCCCC" />`呈现的效果为一条粗细为 2px、颜色为#CCCCCC 的水平线。

align 属性用于设置对齐方式,其属性值可以为 left(左对齐)、center(居中对齐)、right(右对齐)。

`<hr/>`标签常用的属性及其属性值如表 1-1 所示。

表 1-1 `<hr/>`标签常用的属性及其属性值

属性名	描述	属性值
align	设置水平线的对齐方式	可选值为 left、center、right,默认值为 center,表示居中对齐
size	设置水平线的粗细	以 px 为单位,默认值为 2px
color	设置水平线的颜色	可用颜色名称、十六进制数(#RGB)、rgb(r,g,b) 3 种方式表示
width	设置水平线的宽度	可以是确定的像素值,也可以是浏览器窗口的百分比,默认值为 100%

任务 4 文本样式标签的应用

任务描述

制作一个科普虚拟现实技术的页面,要求利用文本样式标签`<style>`对标题和段落文本的颜色进行设置,效果如图 1-12 所示。

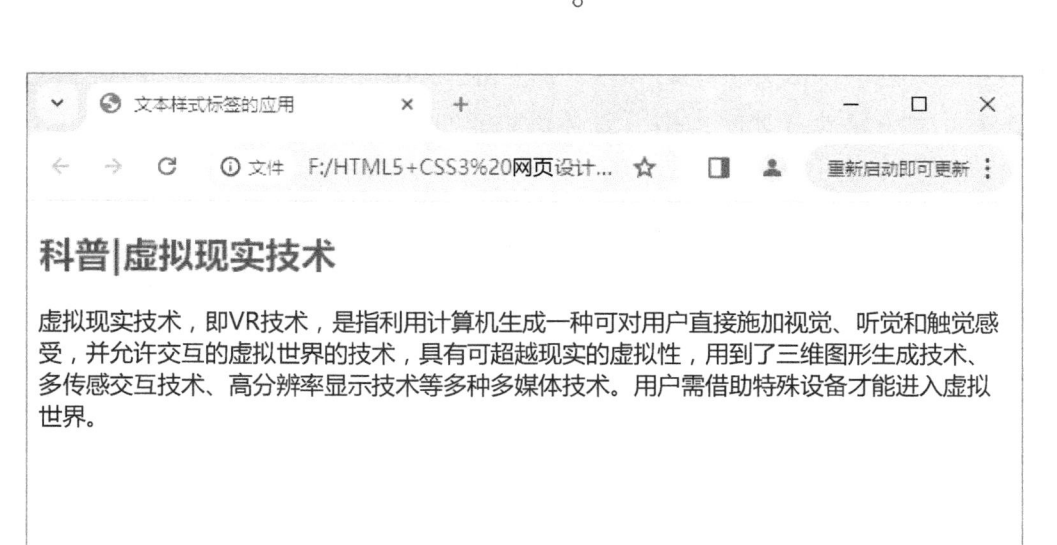

图 1-12　任务 4 效果

任务实现

1-4.html

```
<!doctype html>
<html>
<head>
<meta charset="utf-8">
<title>文本样式标签的应用</title>
<style type="text/css">
h2{color:red;}    <!--定义标题文本为红色-->
p{color:blue;}    <!--定义段落文本为蓝色-->
</style>
</head>
<body>
<h2>科普|虚拟现实技术</h2>
<p>虚拟现实技术，即 VR 技术，是指利用计算机生成一种可对用户直接施加视觉、听觉和触觉感受，并允许交互的虚拟世界的技术，具有可超越现实的虚拟性，用到了三维图形生成技术、多传感交互技术、高分辨率显示技术等多种多媒体技术。用户需借助特殊设备才能进入虚拟世界。</p>
</body>
</html>
```

知识点拨

在 HTML5 中使用<style>标签时，通常将其属性定义为 type，相应的属性值为 text/css，表示使用内嵌式的 CSS3 样式。

<style>标签的基本用法为<style 属性="属性值">样式内容</style>，样式内容主要用于对相关标签定义对应的属性及其属性值，具体内容在项目 3 中讲解。

任务 5　文本格式化标签的应用

任务描述

分别利用相应的文本格式化标签制作不同的文本效果，如图 1-13 所示。

图 1-13　任务 5 效果

任务实现

1-5.html

```
<!doctype html>
<html>
<head>
<meta charset="utf-8">
<title>文本格式化标签的应用</title>
</head>
<body>
<p>普通字体</p>
<p><b><b>标签定义的字体加粗效果</b></p>
```

```
<p><strong><strong>标签定义的字体加粗效果</strong></p>
<p><i><i>标签定义的字体倾斜效果</i></p>
<p><em><em>标签定义的字体倾斜效果</em></p>
<p><del><del>标签定义的删除线效果</del></p>
<p><ins><ins>标签定义的下画线效果</ins></p>
</body>
</html>
```

知识点拨

有时需要对网页中的一些文本设置加粗、下画线、倾斜或删除线等特殊效果，HTML5 提供了如下专门的文本格式化标签。

（1）文本以加粗方式显示：<b>或<strong>。

（2）文本以下画线方式显示：<u>或<ins>。

（3）文本以倾斜方式显示：<i>或<em>。

（4）文本以删除线方式显示：<s>或<del>。

任务 6　文本语义标签的应用

任务描述

利用文本语义标签<mark>和<cite>对网页中的文本做一些特殊标注，效果如图 1-14 所示。

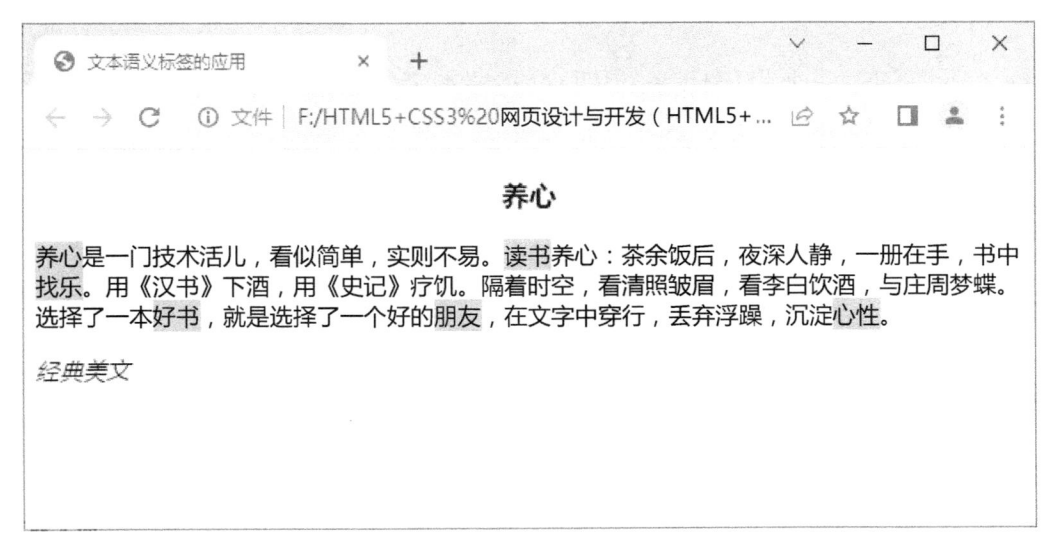

图 1-14　任务 6 效果

任务实现

1-6.html

```html
<!doctype html>
<html>
<head>
<meta charset="utf-8">
<title>文本语义标签的应用</title>
</head>
<body>
<h3 align="center">养心</h3>
<p><mark>养心</mark>是一门技术活儿，看似简单，实则不易。<mark>读书</mark>养心：茶余饭后，夜深人静，一册在手，书中<mark>找乐</mark>。用《汉书》下酒，用《史记》疗饥。隔着时空，看清照皱眉，看李白饮酒，与庄周梦蝶。选择了一本<mark>好书</mark>，就是选择了一个好的<mark>朋友</mark>，在文字中穿行，丢弃浮躁，沉淀<mark>心性</mark>。</p>
<cite>经典美文</cite>
</body>
</html>
```

知识点拨

1. <mark>标签

<mark>标签的主要功能是在文本中高亮显示某些字符，以引起读者的注意。该标签的用法与<em>和<strong>有相似之处，但是使用<mark>标签在突出显示样式时更随意灵活。

2. <cite>标签

<cite>标签可以创建一个引用标签，用于对文档参考文献的引用进行说明，如果在文档中使用了该标签，则被标记的文档内容将以倾斜的样式展示在页面中，以区别于段落中的其他字符。

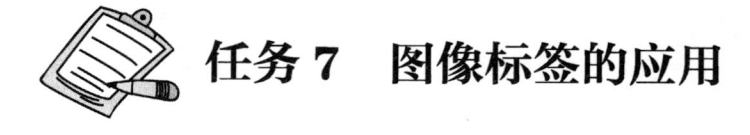

任务7　图像标签的应用

任务描述

利用图像标签<img/>及其相关属性在网页中显示图像，效果如图1-15所示。

图 1-15　任务 7 效果

任务实现

1-7.html

```html
<!doctype html>
<html>
<head>
<meta charset="utf-8">
<title>图像标签的应用</title>
</head>
<body>
<img src="images/zh.jpeg" alt="情侣路" border="5" />
<img src="images/zh.jpeg" alt="情侣路" width="120" hspace="20"/>
<img src="images/zh.jpeg" alt="情侣路" width="120" height="110" />
</body>
</html>
```

知识点拨

1. 图像标签的文本替换属性

alt 属性是一个必需的属性，用于规定图像无法显示时的替换文本。

2. 图像标签的 title 属性

title 属性用于设置鼠标指针悬停在图像上时的提示文本。

3．图像标签的宽度和高度属性

如果设置了图像标签的宽度和高度属性，就可以在页面加载时为图像预留空间。其单位可以是 px 或者%。

4．图像标签的边框属性

border 属性用于设置图像边框的宽度、颜色和粗细，也可以去掉图像的边框。

5．图像标签的边距属性

图像的水平边距属性 hspace 用来调整图像与图像或文本之间的水平距离，垂直边距属性 vspace 用来调整图像与图像或文本之间的垂直距离。通过调整图像的边距，可以使文本和图像的排列显得紧凑，看上去更加协调。

6．图像格式

常用的图像格式有 JPG、JPEG、GIF、PNG 等。

JPG、JPEG 格式的优缺点如下。

优点：常用的图像格式，自身质量小，便于传输，图像能存储的颜色信息丰富，图像效果逼真。缺点：不支持透明。

PNG 格式的优缺点如下。

优点：支持透明，色彩效果逼真。缺点：对低版本浏览器支持得不够好。

GIF 格式的优缺点如下。

优点：支持透明，支持动画，自身质量小。缺点：存储的颜色信息较少，图像清晰度较差。

7．相对路径和绝对路径

网页中的路径通常分为相对路径和绝对路径。

相对路径：相对于当前文件的位置。例如，"index.html"文件所在的目录为"C:\Users\Desktop\www"，而"name.txt"文件所在的目录为"C:\Users\Desktop"，那么"name.txt"文件相对"index.html"文件来说，是在其所在目录的上级目录中。

绝对路径：文件在硬盘上真正存在的路径。例如，"name.txt"文件存放在硬盘的"C:\Users\Desktop"目录下，那么"name.txt"文件的绝对路径就是"C:\Users\Desktop\name.txt"。

绝对路径与相对路径的区别：①绝对路径是指一个文件实际存在于硬盘中的路径；②相对路径是指与自身的目标档案相关的位置；③可以从绝对路径上查找文件夹，不管是从外部或内部存取的，而相对路径则是与它本身相关的，其他地方的档案和路径，则只能从内部存取。

另外，在网页中插入图像，若图像文件位于.html文件的上两级文件夹中，则要在文件名之前添加"../../"。本任务中的图像文件夹images和网页属于同级文件夹，路径也比较简单，一般建议这样操作，以免路径复杂造成错误。

任务8　超链接标签的应用

任务描述

制作一个有超链接的网页，在网页中分别设置两个超链接，一个替换当前页面打开，另一个新建一个页面打开，总体效果如图1-16所示，超链接页面效果分别如图1-17和图1-18所示。

图1-16　任务8效果

图1-17　替换当前页面打开的效果　　　图1-18　新建一个页面打开的效果

任务实现

1-8-1.html

```html
<!doctype html>
<html>
<head>
<meta charset="utf-8">
<title>超链接标签的应用</title>
</head>
<body>
<a href="1-8-2.html" target="_self">《观沧海》</a> 替换当前页面打开<br/>
<a href="1-8-2.html" target="_blank">《观沧海》</a> 新建一个页面打开
</body>
</html>
```

1-8-2.html

```html
<!doctype html>
<html>
<head>
<meta charset="utf-8">
<title>超链接标签的应用</title>
</head>
<body>
<h3>《观沧海》</h3>
<p>东临碣石，以观沧海。</p>
<p>水何澹澹，山岛竦峙。</p>
<p>树木丛生，百草丰茂。</p>
<p>秋风萧瑟，洪波涌起。</p>
<p>日月之行，若出其中；</p>
<p>星汉灿烂，若出其里。</p>
<p>幸甚至哉，歌以咏志。</p>
</body>
</html>
```

知识点拨

（1）在网页中使用<a>作为超链接标签，具体插入格式为<a href="#id 名"></a>或<a href="?.html"></a>，超链接标签是双标签。

（2）<a>标签可设置锚点链接和超链接，当 href 属性值的格式为"#id 名"时，可以设置锚点链接；当 href 属性值的格式为"?.html"（链接页面）时，则可以设置超链接。

（3）可以用 target 属性设置超链接页面的打开方式，其属性值_self 表示替换当前页面打开，_blank 表示新建一个页面打开。

（4）使用空链接。虽然本项目中没有使用空链接，但当网页项目中的一些按钮或相关元素需要添加悬停效果时，经常会用到空链接效果，使用方法是<a href="#">显示内容</a>。

任务 9　音频和视频标签的应用

任务描述

使用音频和视频标签及其常用属性分别引入音频和视频文件，要求能体现出两个标签及其常用属性的用法，效果如图 1-19 和图 1-20 所示。

图 1-19　音频标签的应用效果

图 1-20　视频标签的应用效果

任务实现

1. 嵌入音频

1-9-1.html

```
<!doctype html>
<html>
<head>
<meta charset="utf-8">
<title>音频标签的应用</title>
</head>
<body>
<audio src="audio/我和我的祖国.mp3" controls="controls"></audio>
</body>
</html>
```

2. 嵌入视频

1-9-2.html

```
<!doctype html>
<html>
<head>
<meta charset="utf-8">
<title>视频标签的应用</title>
</head>
<body>
<video src="video/空杯.mp4" controls="controls" autoplay loop></video>
</body>
</html>
```

知识点拨

1. 视频标签

在 HTML5 中，<video>标签用于定义播放视频文件的标准，用法如下。

```
<video src="视频文件路径" controls="controls">该浏览器无法正常播放此视频</video>
```

<video>标签常用的属性及其属性值如表 1-2 所示。

表 1-2 <video>标签常用的属性及其属性值

属性名	属性值或单位	描述
autoplay	autoplay	如果出现该属性，则视频准备就绪后马上播放
controls	controls	如果出现该属性，则向用户显示控件，如"播放"按钮
height	px	设置视频播放器的高度
loop	loop	如果出现该属性，则当视频播放完成后重新开始播放
preload	preload	如果出现该属性，则视频在页面加载时进行加载，并准备播放。如果使用了 autoplay 属性，则忽略该属性
src	url	要播放的视频的 URL
width	px	设置视频播放器的宽度

2．音频标签

在 HTML5 中，<audio>标签用于定义播放音频文件的标准，用法如下。

```
<audio src="音频文件路径" controls="controls">该浏览器无法正常播放此音频</audio>
```

<audio>标签的属性及其属性值和<video>的类似，可参考表 1-2。

项目实战　制作杭州亚运会精彩赏析

项目分析

根据对本项目效果的分析，这是一个主页面链接三个子页面的综合项目，主要包含标题标签、图像标签、段落标签、超链接标签、文本样式标签、文本语义标签与 HTML5 标签相关属性的综合应用，尤其是图像标签与超链接标签的相关属性的设置，这是制作网页图文混排与网页之间超链接的关键之处。子页面中的图片居中效果可综合运用段落标签的对齐方式属性与图像标签实现。

项目实施

1．制作主页面

结合前面学到的知识点，以及对主页面效果的分析，使用相应的 HTML5 标签来制作主页面，参考代码如下。

index.html

```
<!doctype html>
```

```html
<html>
<head>
<meta charset="utf-8">
<title>项目1</title>
<style type="text/css">
    h1{color: red;}
</style>
</head>


<body>
<h1 align="center">杭州亚运会在世界绽放</h1>
<h2 align="center">2023年杭州亚运会：<mark>数字化</mark>与<mark>文化盛宴</mark></h2>
<img src="images/shuzi1.png" align="left" alt="" width="500" hspace="20" />
<p>2023年杭州亚运会的盛大开幕式于9月23日在杭州奥体中心体育场举行，这一运动盛事吸引了全球观众的目光。以"潮起亚细亚"为主题的开幕式不仅展示了中国的文化自信和开放包容，还凸显了现代科技在体育赛事中的应用。点火仪式更是将传统与现代相结合，采用了创新的"数字点火"方式，令世界惊艳。</p>
<p>开幕式将潮水的意象融入其中。整个开幕式分为三个篇章，分别是<a href="guofeng.html">"国风雅韵"</a>、<a href="qiantang.html">"钱塘潮涌"</a>和<a href="xieshou.html">"携手同行"</a>。</p>
<p>不仅如此，开幕式还呈现了一场震撼人心的视觉盛宴，为观众带来充满活力且富有创新精神的文化体验。通过水与潮水元素的灵活运用，开幕式传达和彰显了中国文化的魅力和影响力，展示了国家的文化自信。</p>
</body>
</html>
```

2. 制作"国风雅韵"页面

结合前面学到的知识点，以及对"国风雅韵"页面效果的分析，使用相应的HTML5标签来制作"国风雅韵"页面，参考代码如下。

guofeng.html

```html
<!doctype html>
<html>
<head>
<meta charset="utf-8">
<title>国风雅韵</title>
</head>

<body>
```

```html
<h1 align="center">"国风雅韵"篇章</h1>
<p align="center"><img src="images/guofeng.png" alt="" width="600"></p>
<p>"国风雅韵"是开幕式的第一个篇章,也是开幕式的序幕。它以水墨画为灵感,利用高科技手段,在舞台上打造了一个巨大的水墨画卷。水墨画卷上投射出了江南的山水、建筑和人物,形成了一幅幅生动的画面。</p>
<p>舞者们身着蓝色衣裙,在呈现钱塘江两岸风情景色的水墨画卷上起舞。随着舞者们舞步的移动,逐渐将水墨画擦去,象征着他们对江南的热爱和探索。这个创意非常巧妙,既体现了水墨画中的留白之美,也体现了江南的变化之美。</p>
<p align="right"><a href="index.html"><img src="images/fanhui.jpeg" alt="返回" width="100" /></a></p>
</body>
</html>
```

3. 制作"钱塘潮涌"页面

结合前面学到的知识点,以及对"钱塘潮涌"页面效果的分析,使用相应的 HTML5 标签来制作"钱塘潮涌"页面,参考代码如下。

qiantang.html

```html
<!doctype html>
<html>
<head>
<meta charset="utf-8">
<title>钱塘潮涌</title>
</head>

<body>
<h1 align="center">"钱塘潮涌"篇章</h1>
<p align="center"><img src="images/qiantang.png" alt="" width="600"></p>
<p>地屏上,交叉潮、一线潮、冲天潮、鱼鳞潮、回头潮等多样化的钱塘潮形此起彼伏,带来生生不息的自然律动……在刚刚结束的亚运会开幕式上,文艺表演"钱塘潮涌"用数字复刻了澎湃奔腾的钱塘江潮,给观众带来了极致的科技震撼。</p>
<p>音乐与舞蹈在这里交织,以沃野渔歌的形式唱出了<strong>绿水青山</strong>与<strong>金山银山</strong>的故事。这部分突出了自然风光和环境保护的主题,同时强调了中国的繁荣和发展。</p>
<p align="right"><a href="index.html"><img src="images/fanhui.jpeg" alt="返回" width="100" /></a></p>
</body>
</html>
```

4. 制作"携手同行"页面

结合前面学到的知识点，以及对"携手同行"页面效果的分析，使用相应的HTML5标签来制作"携手同行"页面，参考代码如下。

xieshou.html

```html
<!doctype html>
<html>
<head>
<meta charset="utf-8">
<title>携手同行</title>
</head>

<body>
<h1 align="center">"携手同行"篇章</h1>
<p align="center"><img src="images/xieshou.png" alt="" width="600"></p>
<p>这一篇章呈现了杭州独特的江南水乡文化底色。通过宋韵与芭蕾共舞、音乐剧与越剧同歌的方式展示了多元文化的交融与和谐。这也代表了中国在当今世界上的多元和包容。</p>
<p align="right"><a href="index.html"><img src="images/fanhui.jpeg" alt="返回" width="100" /></a></p>
</body>
</html>
```

项目小结

本项目重点利用标题标签、图像标签、段落标签、超链接标签、文本样式标签、文本语义标签与HTML5标签相关属性，制作图文混排页面。通过对本项目的学习，读者可以熟悉标签及其相关属性的用法，并熟练使用HTML5开发工具来编写网页代码。

拓展任务

拓展任务1：将下面的内容以网页的形式呈现。要求：所有文本居中显示。

一个人最好的生活状态

1. 充实自我，治愈消极情绪；
2. 坚持运动，滋养身体和精神；
3. 早睡早起，积蓄生命的能量。

拓展任务2：制作图1-21所示的效果。

项目 1　利用 HTML5 制作图文混排页面

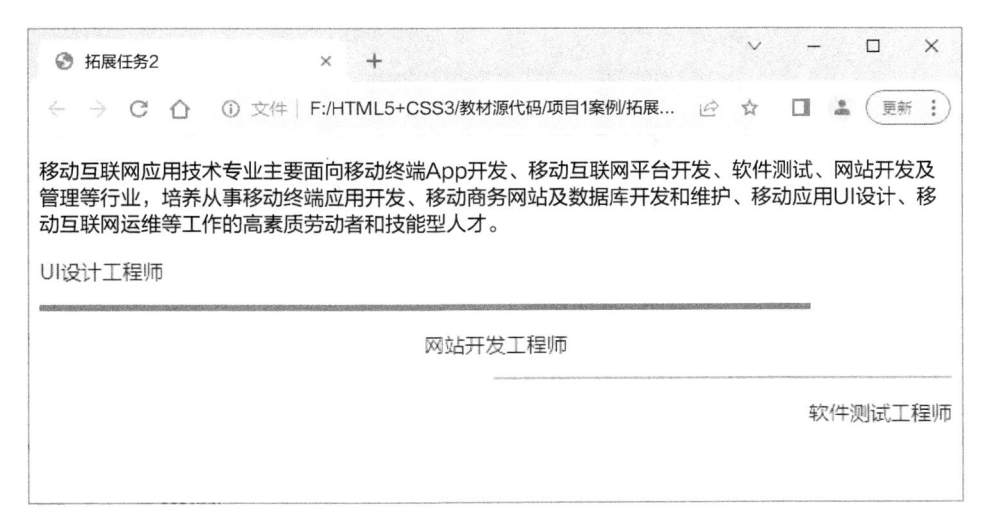

图 1-21　拓展任务 2 效果

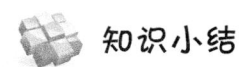

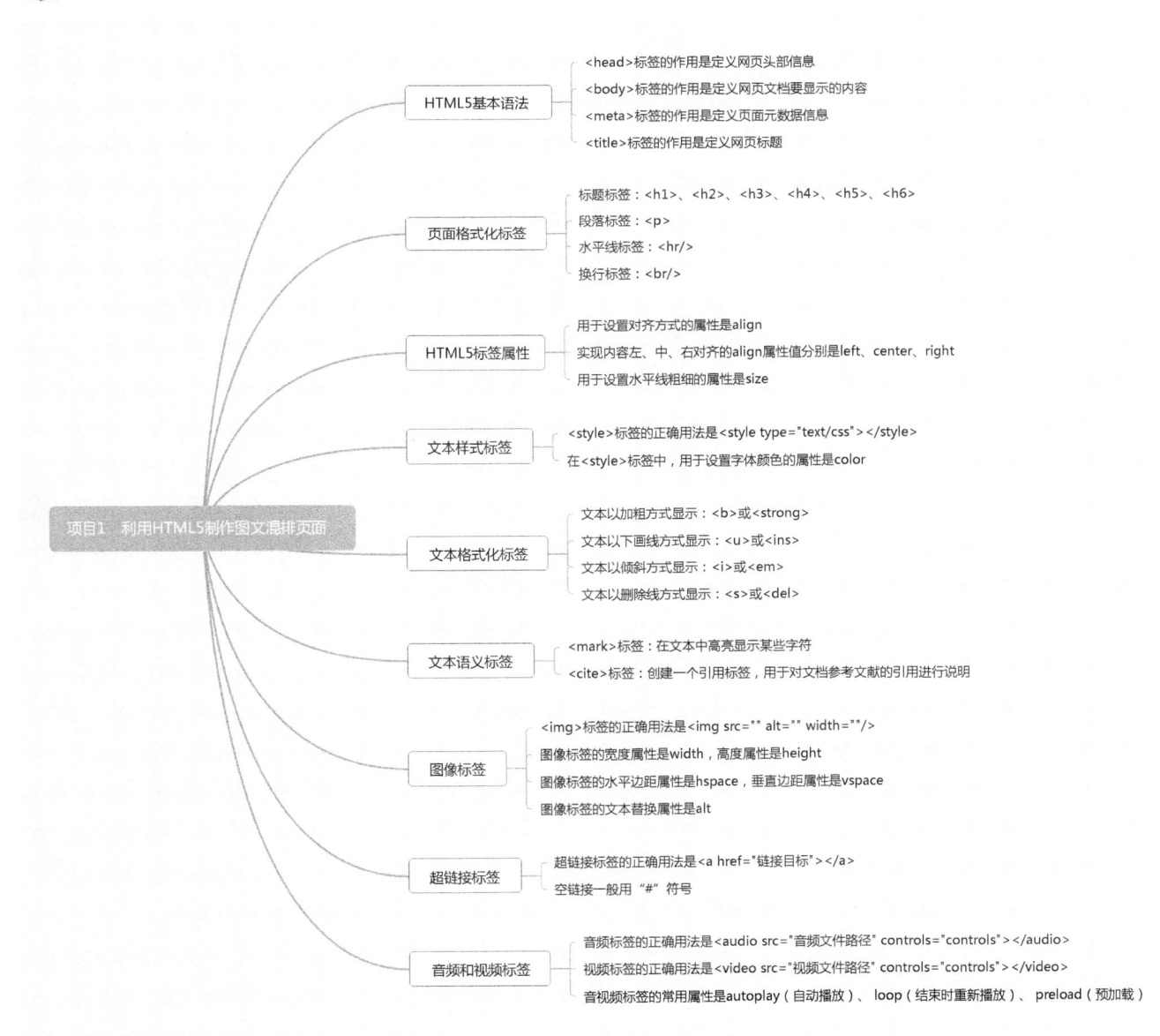

知识小结

项目1　利用HTML5制作图文混排页面

- **HTML5基本语法**
  - `<head>`标签的作用是定义网页头部信息
  - `<body>`标签的作用是定义网页文档要显示的内容
  - `<meta>`标签的作用是定义页面元数据信息
  - `<title>`标签的作用是定义网页标题

- **页面格式化标签**
  - 标题标签：`<h1>`、`<h2>`、`<h3>`、`<h4>`、`<h5>`、`<h6>`
  - 段落标签：`<p>`
  - 水平线标签：`<hr/>`
  - 换行标签：`<br/>`

- **HTML5标签属性**
  - 用于设置对齐方式的属性是align
  - 实现内容左、中、右对齐的align属性值分别是left、center、right
  - 用于设置水平线粗细的属性是size

- **文本样式标签**
  - `<style>`标签的正确用法是`<style type="text/css"></style>`
  - 在`<style>`标签中，用于设置字体颜色的属性是color

- **文本格式化标签**
  - 文本以加粗方式显示：`<b>`或`<strong>`
  - 文本以下画线方式显示：`<u>`或`<ins>`
  - 文本以倾斜方式显示：`<i>`或`<em>`
  - 文本以删除线方式显示：`<s>`或`<del>`

- **文本语义标签**
  - `<mark>`标签：在文本中高亮显示某些字符
  - `<cite>`标签：创建一个引用标签，用于对文档参考文献的引用进行说明

- **图像标签**
  - `<img>`标签的正确用法是`<img src="" alt="" width=""/>`
  - 图像标签的宽度属性是width，高度属性是height
  - 图像标签的水平边距属性是hspace，垂直边距属性是vspace
  - 图像标签的文本替换属性是alt

- **超链接标签**
  - 超链接标签的正确用法是`<a href="链接目标"></a>`
  - 空链接一般用"#"符号

- **音频和视频标签**
  - 音频标签的正确用法是`<audio src="音频文件路径" controls="controls"></audio>`
  - 视频标签的正确用法是`<video src="视频文件路径" controls="controls"></video>`
  - 音视频标签的常用属性是autoplay（自动播放）、loop（结束时重新播放）、preload（预加载）

27

课后习题

一、选择题

1. 下面（　　）是网页头部标签。
   A. <html>　　　　　　　　　　　　B. <head>
   C. <body>　　　　　　　　　　　　D. <title>

2. 在下列软件中，（　　）不属于网站代码编辑器。
   A. sublime_text3　　　　　　　　　B. Visual Studio Code
   C. HBuilder　　　　　　　　　　　D. IE

3. 下面（　　）是网页可见内容标签。
   A. <html>　　　　　　　　　　　　B. <body>
   C. <head>　　　　　　　　　　　　D. <title>

4. <body>标签的作用是（　　）。
   A. 告知浏览器这是一个 HTML 文档　　B. 包含网页的所有可见内容
   C. 网页所有头部元素的容器　　　　　D. 定义浏览器工具栏中的标题

5. 下面（　　）是定义页面元数据的标签。
   A. <html>　　　　　　　　　　　　B. <body>
   C. <meta>　　　　　　　　　　　　D. <title>

6. 在下列选项中，（　　）不是<audio>标签的属性。
   A. autoplay　　　　　　　　　　　　B. loop
   C. preload　　　　　　　　　　　　D. poster

7. 下面（　　）是网页标题标签。
   A. <html>　　　　　　　　　　　　B. <body>
   C. <head>　　　　　　　　　　　　D. <title>

8. 下面（　　）是图像标签。
   A. <div>　　　　　　　　　　　　B. <span>
   C. <img>　　　　　　　　　　　　D. <a>

9. <img/>标签链接图片的属性是（　　）。
   A. src　　　　　　　　　　　　　　B. alt
   C. width　　　　　　　　　　　　　D. height

10. 在下列选项中，属于常用的图像格式并且能够制作动画的是（　　　）。

A. JPG　　　　　　　　　　　　B. GIF
C. PSD　　　　　　　　　　　　D. PNG

二、填空题

1. 超链接的标签是_____。

2. _____为单标签，用于定义一条水平线。

3. 在 HTML5 的开始标签中，可以通过_____的方式为标签添加属性。

4. 在 HTML5 中，<audio>标签的_____属性用于为音频提供播放控件。

5. _____标签用于为 HTML5 文档定义样式信息。

6. 在 HTML5 中，<video>标签的_____属性用于在页面载入完成后自动播放视频。

7. 换行标签_____用于实现段落强制换行的效果。

8. 文本格式化标签中的_____标签表示文本以加粗方式显示。

9. 在网页中插入图像，如果图像文件位于.html 文件的上两级文件夹，则要在文件名之前添加_____。

10. 在 HTML5 中创建超链接非常简单，只需用_____标签环绕需要被链接的对象即可。

项目 2

利用 HTML5 搭建网页结构

● 项目描述

　　某学员想要在制作网页时先搭建好网页的基本结构，再去填充相应的模块内容，因为这样会更加有条理一些。HTML5 新增了一些结构元素，正好可以解决这个问题，它们可以很方便地将各个主题和概念分隔开，使网页文档的结构更加清晰，更易于阅读。

　　本项目主要利用 HTML5 结构元素、分组元素与页面交互元素进行网页结构的搭建，通过利用这些元素，以及进行相应的属性设置，就可以制作出一个具有层次结构的网页。

● 项目效果

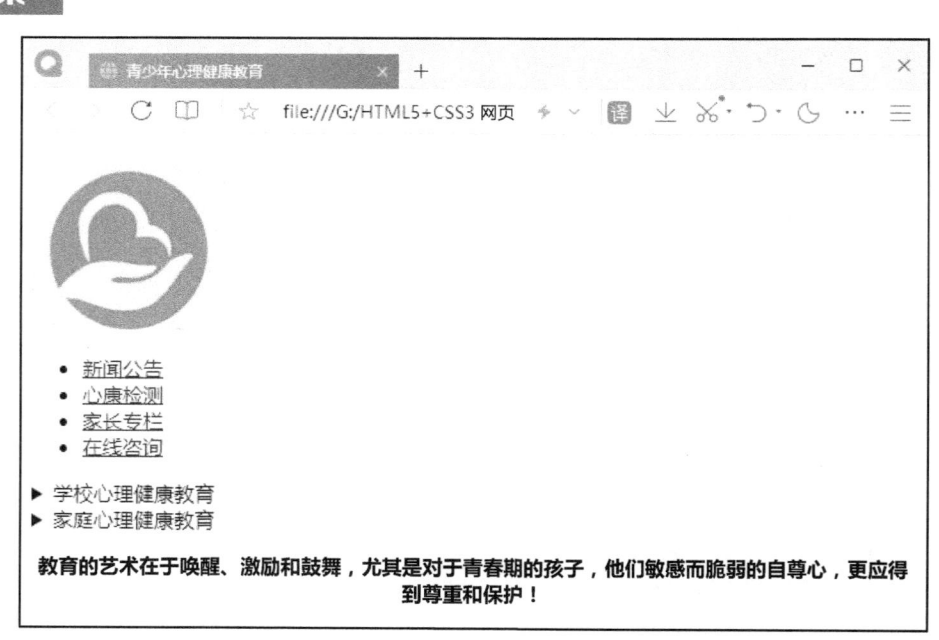

学校心理健康教育

- 在校生常见心理问题：情绪、矛盾和困惑、自伤
    1. 情绪。抑郁、焦虑、强迫、害怕、愤怒等情绪都跟青少年的生理发育有直接关系。在遇到危机事件（如人际交往冲突、适应困难、失恋、社交恐惧等）时就会激发情绪的不确定性。
    2. 矛盾和困惑。矛盾从主观上讲就是青少年所谓的"玻璃心"，非常的敏感、脆弱，但同时又觉得自己无所不能、刀枪不入；困惑指的是因为生活经验不足和认知片面性导致的选择困境，尤其是在危急情况下。
    3. 自伤。自伤是指通过各种方式反复地、故意地、直接地对自己采取非致死性的伤害行为。
- 常见心理问题调适方法
    1. 向他人倾诉：这一点都不可耻，特别是可以向心理咨询师和心康老师倾诉内心的压力，一起探索缓解压力的方式。
    2. 调整认知：认知即想法，我们的情绪和行为受到认知的影响。看待事物的想法变了，感受和行为就会发生变化。
    3. 觉察情绪：没有无名之火，任何的情绪都是有原因的，要学会面对自己的情绪，并学着表达自己的感受。比如用语言来描述感受，想自伤的时候是感到"恐惧、焦躁、绝望、孤独"还是……
    4. 了解自伤行为背后的心理：寻找自己的心理活动规律，比如一般是在什么情况下会克制不了自伤的冲动，做什么可以缓解一下。慢慢来，找到两三种可以随时应对的方式，反复练习。

家庭心理健康教育

- 关注孩子的情绪

    情绪是心理和行为的信号，用心观察孩子的情绪变化，一方面，可以帮助家长把握孩子的思想变化，另一方面，可以帮助家长弄明白情绪变化的背后需求，更好地理解孩子，从而提供有效帮助。

- 关注孩子突然的行为变化

    青春期的孩子在走向独立的过程中，最想获得的是自主选择的权利，不喜欢父母事事管理，甚至为了权利不权衡利弊就和父母对着干，这会让父母很有挫败感，往往不愿再用心关注孩子，加上青春期的孩子本身不愿向父母吐露心声，导致亲子关系跌到低谷。我在少年法庭工作的过程中，发现很多父母并没有意识到孩子会闯那么大的祸，当问题显现时，孩子已经出现大问题，令父母措手不及，当年的小问题发展成大事件，解决起来就相当棘手。无论是品行问题还是心理问题，往往都与糟糕的亲子关系相关。

- 关注孩子的自尊心

    美国著名心理学家威廉•詹姆士说："人类本质中最殷切的需求，是渴望被肯定。"渴望被肯定、欣赏和尊重是每个孩子内心深处追求的美好愿望。自尊心是事关孩子健康成长的重要部分，这是众所周知的事。孩子的自尊心受到损害的表现是：

    1. 内心十分悲观，会经常说一些负面语言，如"我做不好""太困难了"等。这是因为孩子认为自己缺乏能力，恐惧失败，遇到困难的事易采用放弃、逃避等方式，以避免让自己陷入低自尊中。
    2. 会压抑自己内心真实的想法，习惯性地取悦别人，宁愿委屈自己，也要让别人满意。一旦拒绝别人，内心就会充满纠结或愧疚感。喜欢听从他人安排，没有自己的主见；喜欢顺从、讨好别人。
    3. 沉默、孤僻，不愿意和周围人交流，不喜欢自我表现，所以在集体活动中不愿当领导，也没有勇气提出自己的意见和建议。
    4. 在学校里面对课堂提问时，常低头不语，害怕受到别人的关注，总想躲开别人的注意。在家里敏感、多虑，容易因小事而过度焦急、烦躁不安和担心害怕。
    5. 害怕面对和尝试新事物、新活动。

    教育的艺术在于唤醒、激励和鼓舞，尤其是对于青春期的孩子，他们敏感而脆弱的自尊心，更应得到尊重和保护！

知识目标

1. 掌握结构元素的使用方法和用途。
2. 熟悉并理解分组元素的使用方法和用途。
3. 掌握页面交互元素的使用方法和用途。

技能目标

1. 能利用结构元素对网页内容进行层次结构的划分。
2. 能利用分组元素对网页建立简单的标题组。
3. 能利用页面交互元素实现简单的交互效果。

素质目标

1. 通过网页内容，引导学生重读经典、深化情感，提升自我修养。
2. 在学习网页制作的过程中，培养学生探索、创新、实践、协作的职业素养。
3. 在网页内容中潜移默化地融入一些安全、心理健康教育的内容，达到协同育人的目的。

任务 1　ul 元素的应用

任务描述

利用无序列表元素 ul 制作一个简易的导航列表，效果如图 2-1 所示。

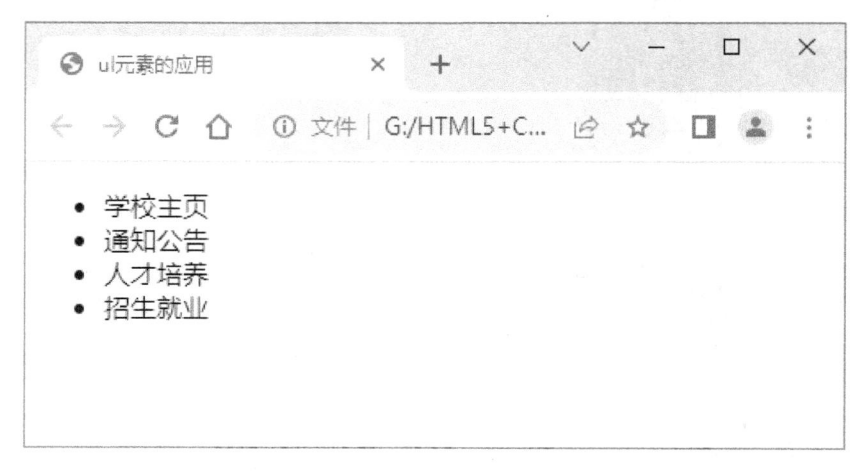

图 2-1　任务 1 效果

任务实现

2-1.html

```html
<!doctype html>
<html>
<head>
<meta charset="utf-8">
<title>ul 元素的应用</title>
</head>
<body>
    <ul>
        <li>学校主页</li>
        <li>通知公告</li>
        <li>人才培养</li>
        <li>招生就业</li>
    </ul>
</body>
</html>
```

知识点拨

为了使网页内容排列有序、条理清晰、易于阅读，可使用列表元素进行网页设计，常用的列表元素有无序列表元素 ul、有序列表元素 ol 和定义列表元素 dl（后两个元素在后面将逐一介绍）。无序列表元素 ul 是网页中常用的元素，它的各个列表项之间没有顺序之分，是并列关系。例如，网站的导航一般是使用无序列表元素 ul 制作的，看上去整齐美观。

通过设置无序列表元素 ul 的 type 属性，可以改变列表项前面的项目符号，但一般不需要设置。例如，<ul type="circle">可以将默认的实心圆点修改为空心圆圈。type 属性还具有 disc、square 这两个属性值，读者可自行尝试应用，这里不再详述。

无序列表元素 ul 的用法如下。

```html
<ul>
    <li>列表项 1</li>
    <li>列表项 2</li>
    <li>列表项 3</li>
      ……
</ul>
```

任务 2　ol 元素的应用

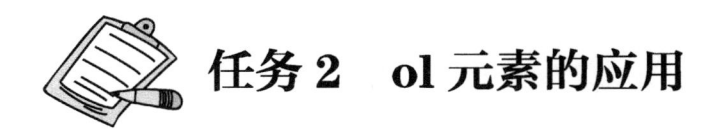

任务描述

利用有序列表元素 ol 制作一个简易的"国庆热榜"页面，要求多条热榜新闻有序排列，效果如图 2-2 所示。

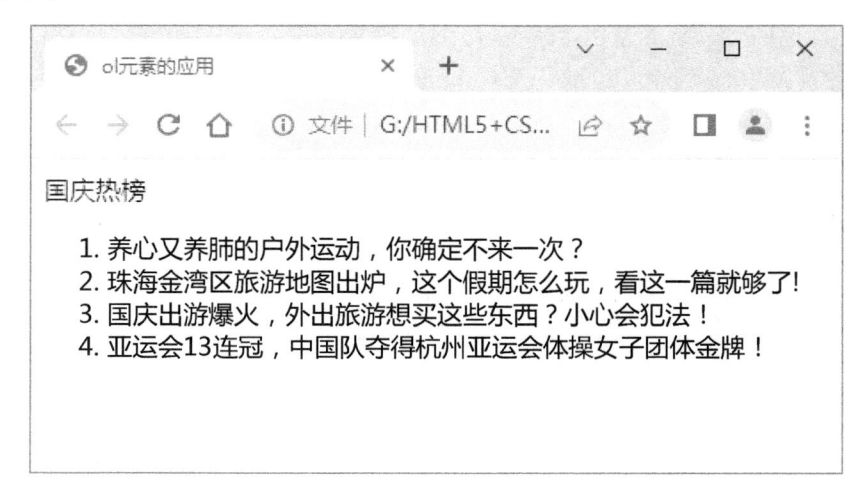

图 2-2　任务 2 效果

任务实现

2-2.html

```
<!doctype html>
<html>
<head>
<meta charset="utf-8">
<title>ol 元素的应用</title>
</head>
<body>
    国庆热榜
    <ol>
        <li>养心又养肺的户外运动，你确定不来一次？</li>
        <li>珠海金湾区旅游地图出炉，这个假期怎么玩，看这一篇就够了!</li>
        <li>国庆出游爆火，外出旅游想买这些东西？小心会犯法！</li>
        <li>亚运会 13 连冠，中国队夺得杭州亚运会体操女子团体金牌！</li>
```

```
    </ol>
</body>
</html>
```

知识点拨

有序列表元素 ol 的用法和无序列表元素 ul 的类似，每对<ol></ol>标签中应至少包含一对<li></li>标签。有序列表元素 ol 有 3 个属性，分别为 type、start 和 reversed。通过设置 type 属性，可以修改有序列表的编号方式，可以是默认的数字编号，也可以是字母等其他编号。通过设置 start 属性，可以更改列表编号的起始值。reversed 属性表示是否对列表进行反向排序，默认值为 true。例如，<ol start=2 reversed>表示列表是反向排序的，起始值是 2，即 2，1，0，-1，…

任务 3 dl 元素的应用

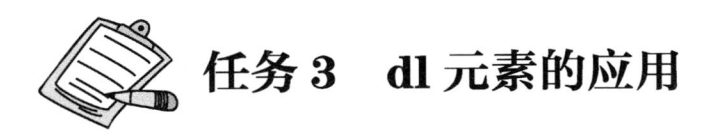

任务描述

利用定义列表元素 dl 制作一个简易的"信息技术系的专业概况"页面，效果如图 2-3 所示。

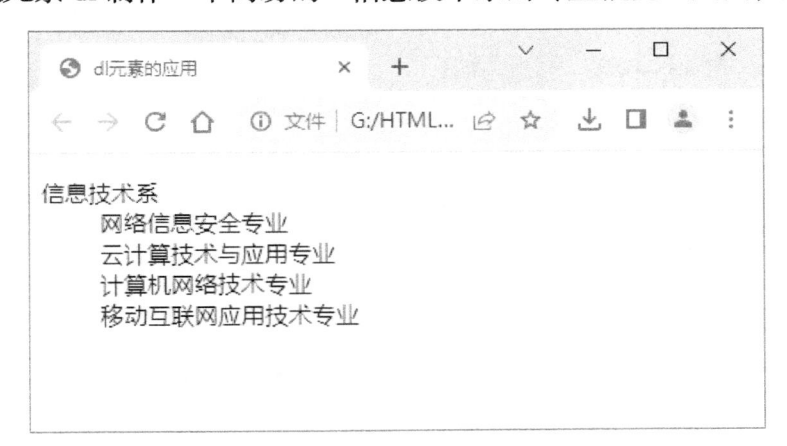

图 2-3 任务 3 效果

任务实现

2-3.html

```
<!doctype html>
<html>
```

```html
<head>
<meta charset="utf-8">
<title>dl 元素的应用</title>
</head>
<body>
<dl>
    <dt>信息技术系</dt>
    <dd>网络信息安全专业</dd>
    <dd>云计算技术与应用专业</dd>
    <dd>计算机网络技术专业</dd>
    <dd>移动互联网应用技术专业</dd>
</dl>
</body>
</html>
```

知识点拨

定义列表元素 dl 常用于对术语或名词进行描述和说明,它的前面没有任何项目符号,用法如下。

```html
<dl>
    <dt>定义描述的术语</dt>
    <dd>描述上面定义的术语</dd>
    <dd>描述上面定义的术语</dd>
    ……
</dl>
```

<dt>与<dd>是并列的兄弟关系。

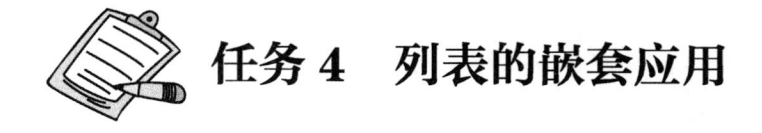

任务 4 列表的嵌套应用

任务描述

利用上面所学的列表元素,制作一个有嵌套的"校园网导航"页面,效果如图 2-4 所示。

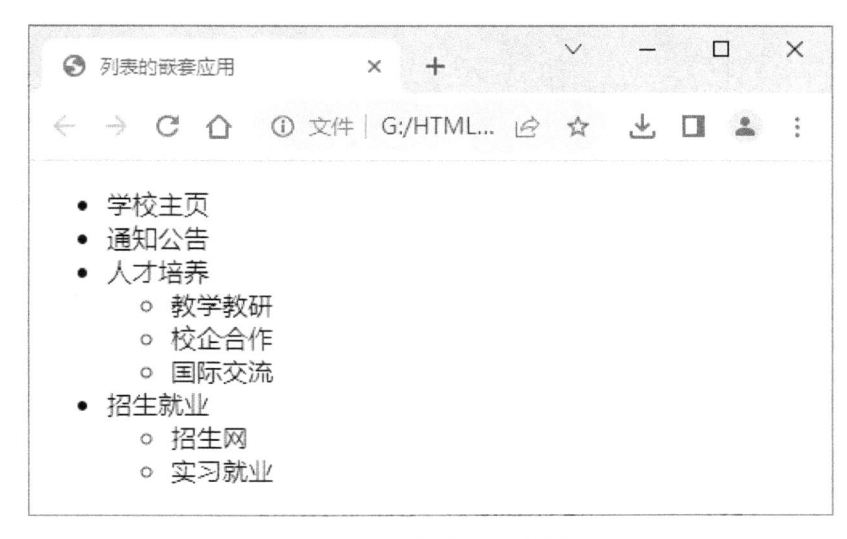

图 2-4　任务 4 效果

任务实现

2-4.html

```html
<!doctype html>
<html>
<head>
<meta charset="utf-8">
<title>列表的嵌套应用</title>
</head>
<body>
    <ul>
        <li>学校主页</li>
        <li>通知公告</li>
        <li>人才培养
            <ul>
                <li>教学教研</li>
                <li>校企合作</li>
                <li>国际交流</li>
            </ul>
        </li>
        <li>招生就业
            <ul>
                <li>招生网</li>
                <li>实习就业</li>
            </ul>
        </li>
```

```
    </ul>
</body>
</html>
```

知识点拨

在实际的网站开发中,简单的列表结构往往不能满足我们的需求,比如,购物网站的商品有若干个分类,每个分类又包括若干个子类,这就会用到列表嵌套,其实现的效果既整齐,又层次分明。

任务 5　header 元素的应用

任务描述

利用结构元素 header 制作一个"安全教育"页面的头部,要求体现出 header 元素的用法和意义,效果如图 2-5 所示。

图 2-5　任务 5 效果

任务实现

2-5.html

```
<!doctype html>
<html>
<head>
<meta charset="utf-8">
```

```
<title>header 元素的应用</title>
</head>
<body>
<header>
    <img src="images/swim.png" width="200" align="left" hspace="20" alt="" />
    <h1>安全教育</h1>
    <h1>人人有责</h1>
</header>
</body>
</html>
```

知识点拨

header 元素通常用来设置整个页面或页面内一个内容区块的标题、Logo、搜索表单等相关内容。该元素可以包含所有通常放在页面头部的内容。它和网页结构中的 head 元素不是一回事。

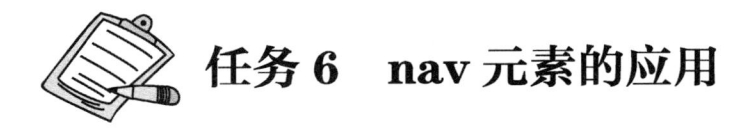

任务 6 nav 元素的应用

任务描述

利用结构元素 nav，并结合前面学过的无序列表元素 ul 制作一个"学生品德教育"网页的简易导航，效果如图 2-6 所示。

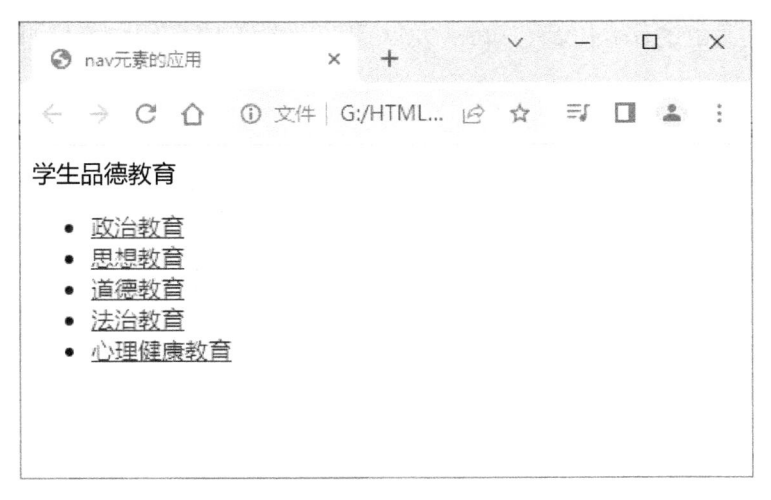

图 2-6 任务 6 效果

任务实现

2-6.html

```
<!doctype html>
<html>
<head>
<meta charset="utf-8">
<title>nav 元素的应用</title>
</head>
<body>
    <header>学生品德教育</header>
    <nav>
        <ul>
            <li><a href="#">政治教育</a></li>
            <li><a href="#">思想教育</a></li>
            <li><a href="#">道德教育</a></li>
            <li><a href="#">法治教育</a></li>
            <li><a href="#">心理健康教育</a></li>
        </ul>
    </nav>
</body>
</html>
```

知识点拨

nav 元素用于定义导航超链接的部分。并不是所有的 HTML 文档都要使用 nav 元素，它只是作为一个标注导航超链接的区域。nav 元素支持所有的 HTML 事件属性。

任务 7　article、section、aside、footer 元素的应用

任务描述

利用 HTML5 的 article、section、aside、footer 元素设计一个"读书月"活动宣传的简易网页，要求结构完整，效果如图 2-7 所示。

图 2-7　任务 7 效果

任务实现

2-7.html

```html
<!doctype html>
<html>
<head>
<meta charset="utf-8">
<title>article、section 等元素的应用</title>
</head>
<body>
<header>
    <h2>读书月——书香伴我行</h2>
</header>
<article>
    <header>
        <h3>读书心得投稿</h3>
    </header>
    <section>利用学校广播站播放学生读书的心得体会,让学生将读到的好书通过文字进行分享,可以分享其中的优秀片段,也可以分享对整本书的感想体会,进而吸引更多的学生去读书。</section>
    <aside>其他相关内容</aside>
</article>
<article>
    <header>
        <h3>建立好书"交换站"</h3>
    </header>
```

```
<section>鼓励各班同学将阅读后觉得可以推荐的书,拿到学校阅览室和同学的书进行交换阅读,力求提高好书阅读效率,开展"换一本好书,交一个书友,长一点知识"活动。</section>
</article>
<aside>侧边菜单</aside>
<footer>
<p align="center">制作人:amy</p>
</footer>
</body>
</html>
```

知识点拨

1. article 元素

article 元素代表文档、页面、应用程序中独立的、完整的、可以被外部引用的内容区域。它可以是博客中的文章、帖子,以及用户的回复。总之,article 元素展现的内容是独立的,所以它有自己独立的标题、页脚。

2. section 元素

section 元素定义了文章中的章节(通常应该有标题和段落内容),它的作用就是给内容分段,给页面分区。

3. section 元素和 article 元素的区别

在 HTML5 中,article 元素可以被看成一种特殊类型的 section 元素,它比 section 元素更强调独立性,即 section 元素强调分段或分块,而 article 元素强调独立性。具体来说,如果一块内容相对来说比较独立、完整,则应该使用 article 元素;如果想将一块内容分成几段,则应该使用 section 元素。

4. aside 元素

aside 元素用来表示当前页面或文章的附属信息部分,可以包含与当前页面或主要内容相关的引用、侧边栏、广告、导航。

5. footer 元素

footer 元素用来描述文档中的尾部信息,如版本、版权、作者、链接声明、联系信息、时间等。

任务 8　figure 和 figcaption 元素的应用

任务描述

利用分组元素中的 figure 和 figcaption 元素制作一个介绍"人工智能"的页面，要求有内容、标题和图片，效果如图 2-8 所示。

图 2-8　任务 8 效果

任务实现

2-8.html

```
<!doctype html>
<html>
```

```html
<head>
<meta charset="utf-8">
<title>figure 和 figcaption 元素的应用</title>
</head>
<body>
<p>人工智能是一个以计算机科学为基础，由计算机、心理学、哲学等多学科融合而成的交叉学科、新兴学科，是研究、开发用于模拟、延伸和扩展人类智能的理论、方法、技术及应用系统的一门新的技术科学，试图了解智能的实质，并生产出一种新的能以与人类智能相似的方式做出反应的智能机器，该领域的研究包括机器人、语音识别、图像识别、自然语言处理和专家系统等。</p>
<figure>
    <figcaption>人工智能</figcaption>
    <p>就业方向：算法工程师、程序开发工程师、人工智能运维工程师、医学图像处理工程师、智能机器人研发工程师等。</p>
    <img src="images/nvpai.jfif" alt="" width="600">
</figure>
</body>
</html>
```

知识点拨

1. 分组元素 figure

figure 元素用来定义页面文档中独立的流内容（图像、图表、照片、代码块），figure 元素定义的内容与主内容相关，但如果 figure 元素被删除，也不会影响主文档流的产生。

2. 分组元素 figcaption

figcaption 元素用来为 figure 元素定义标题，可以位于 figure 元素内的第一行或最后一行。

任务 9　hgroup 元素的应用

任务描述

利用 hgroup 元素制作一个介绍"计算机网络技术专业就业岗位"的简单页面，要求体现出该元素的用法，效果如图 2-9 所示。

项目 2 利用 HTML5 搭建网页结构

图 2-9 任务 9 效果

任务实现

2-9.html

```html
<!doctype html>
<html>
<head>
<meta charset="utf-8">
<title>hgroup 元素的应用</title>
</head>
<body>
  <article>
    <header>
      <hgroup>
        <h1>计算机网络技术专业</h1>
        <h2>就业岗位</h2>
      </hgroup>
    </header>
  </article>
<p>网络工程师、网络管理员、系统集成工程师、网络安全工程师等。</p>
</body>
</html>
```

知识点拨

hgroup 元素用于将标题及其子标题分组，通常与 h1~h6 元素中的一个或多个元素组合使用，比如，一个区块内包含标题和它的子标题。当一个标题包含子标题、区段（section）的标题时，建议将 hgroup 元素和与标题相关的元素存放到 header 元素容器中。

任务 10　details 和 summary 元素的应用

任务描述

利用页面交互元素 details 和 summary 制作一个简单的 "音乐列表" 页面，效果如图 2-10 所示。

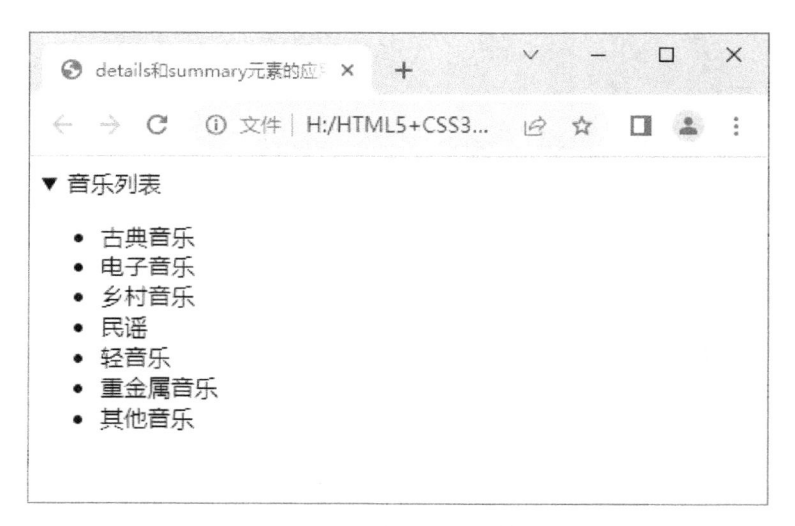

图 2-10　任务 10 效果

任务实现

2-10.html

```
<!doctype html>
<html>
<head>
<meta charset="utf-8">
<title>details 和 summary 元素的应用</title>
</head>
```

```html
<body>
    <details>
        <summary>音乐列表</summary>
        <ul>
            <li>古典音乐</li>
            <li>电子音乐</li>
            <li>乡村音乐</li>
            <li>民谣</li>
            <li>轻音乐</li>
            <li>重金属音乐</li>
            <li>其他音乐</li>
        </ul>
    </details>
</body>
</html>
```

知识点拨

1. 页面交互元素 details

details 元素用于描述文档或文档某个部分的内容。

2. 页面交互元素 summary

summary 元素与 details 元素配合使用，可以为 details 元素定义标题，嵌套在 details 元素中。summary 元素定义的标题是可见的，当用户点击标题时，会显示/隐藏 details 元素定义的详细信息。

知识补充

全局属性是可与所有 HTML5 元素一起使用的属性。HTML5 常用的全局属性及其描述如表 2-1 所示。

表 2-1 HTML5 常用的全局属性及其描述

属性名	描述
contenteditable	规定元素内容是否可编辑
contextmenu	规定元素的上下文菜单在用户点击元素时显示
draggable	规定元素是否可被拖动
lang	规定元素内容使用的语言
popover	规定弹出框元素
spellcheck	规定是否对元素进行拼写和语法检查

项目实战 制作"青少年心理健康教育"页面

项目分析

根据本项目效果可分析出,网页内容划分为头部、导航、主体内容及页脚部分,网页结构可用 HTML5 结构元素完成搭建,主体内容中具有列表交互效果,配合使用 details 与 summary 元素即可实现。

项目实施

1. 搭建网页结构

结合前面学到的知识点,以及对本项目效果的分析,创建页面 index.html,使用相应的 HTML5 结构元素对网页进行结构搭建,参考代码如下。

```html
<!doctype html>
<html>
<head>
<meta charset="utf-8">
<title>青少年心理健康教育</title>
</head>
<body>
<header></header>
<nav></nav>
<article></article>
<footer></footer>
</body>
</html>
```

2. 制作网页内容

根据本项目效果,结合上面搭建的网页结构及前面学过的基本的 HTML5 元素和相关属性来制作"青少年心理健康教育"页面,参考代码如下。

index.html

```html
<!doctype html>
<html>
```

```html
<head>
<meta charset="utf-8">
<title>青少年心理健康教育</title>
</head>
<body>
<header>
    <p>
        <img src="images/logo.jpeg" width="150">
    </p>
</header>
<nav>
    <ul>
        <li>新闻公告</li>
        <li>心康检测</li>
        <li>家长专栏</li>
        <li>在线咨询</li>
    </ul>
</nav>
<article>
    <details>
        <summary >学校心理健康教育</summary>
        <ul>
            <li>
            <figure>
                <figcaption>在校生常见心理问题：情绪、矛盾和困惑、自伤</figcaption>
                <ol>
                    <li>情绪。抑郁、焦虑、强迫、害怕、愤怒等情绪都跟青少年的生理发育有直接关系。在遇到危机事件（如人际交往冲突、适应困难、失恋、社交恐惧等）时就会激发情绪的不确定性。</li>
                    <li>矛盾和困惑。矛盾从主观上讲就是青少年所谓的"玻璃心"，非常的敏感、脆弱，但同时又觉得自己无所不能、刀枪不入；困惑指的是因为生活经验不足和认知片面性导致的选择困境，尤其是在危急情况下。</li>
                    <li>自伤。自伤是指通过各种方式反复地、故意地、直接地对自己采取非致死性的伤害行为。</li>
                </ol>
            </figure>
            </li>
            <li>
            <figure>
```

```html
                <figcaption>常见心理问题调适方法</figcaption>
                <ol>
                    <li>向他人倾诉：这一点都不可耻，特别是可以向心理咨询师和心康老师倾诉内心的压力，一起探索缓解压力的方式。</li>
                    <li>调整认知：认知即想法，我们的情绪和行为受到认知的影响。看待事物的想法变了，感受和行为就会发生变化。</li>
                    <li>觉察情绪：没有无名之火，任何的情绪都是有原因的，要学会面对自己的情绪，并学着表达自己的感受。比如用语言来描述感受，想自伤的时候是感到"恐惧、焦躁、绝望、孤独"还是……</li>
                    <li>了解自伤行为背后的心理：寻找自己的心理活动规律，比如一般是在什么情况下会克制不了自伤的冲动，做什么可以缓解一下。慢慢来，找到两三种可以随时应对的方式，反复练习。</li>
                </ol>
            </figure>
        </li>
    </ul>
    <hr size="1" color="#ccc">
</details>
<details>
    <summary>家庭心理健康教育</summary>
    <ul>
        <li>
            <figcaption>关注孩子的情绪</figcaption>
            <p>情绪是心理和行为的信号，用心观察孩子的情绪变化，一方面，可以帮助家长把握孩子的思想变化，另一方面，可以帮助家长弄明白情绪变化的背后需求，更好地理解孩子，从而提供有效帮助。</p>
            <img src="images/tu1.jfif" width="300"/>
        </li>
        <li>
            <figcaption>关注孩子突然的行为变化</figcaption>
            <p>青春期的孩子在走向独立的过程中，最想获得的是自主选择的权利，不喜欢父母事事管理，甚至为了权利不权衡利弊就和父母对着干，这会让父母很有挫败感，往往不愿再用心关注孩子，加上青春期的孩子本身不愿向父母吐露心声，导致亲子关系跌到低谷。我在少年法庭工作的过程中，发现很多父母并没有意识到孩子会闯那么大的祸，当问题显现时，孩子已经出现大问题，令父母措手不及，当年的小问题发展成大事件，解决起来就相当棘手。无论是品行问题还是心理问题，往往都与糟糕的亲子关系相关。</p>
            <img src="images/tu2.jfif" width="300" />
        </li>
        <li>
```

```
            <figcaption>关注孩子的自尊心</figcaption>
            <p>美国著名心理学家威廉·詹姆士说:"人类本质中最殷切的需求,是渴望被肯定。"渴望被肯定、欣赏和尊重是每个孩子内心深处追求的美好愿望。自尊心是事关孩子健康成长的重要部分,这是众所周知的事。孩子的自尊心受到损害的表现是:
              <ol>
                <li>内心十分悲观,会经常说一些负面语言,如"我做不好""太困难了"等。这是因为孩子认为自己缺乏能力,恐惧失败,遇到困难的事易采用放弃、逃避等方式,以避免让自己陷入低自尊中。</li>
                <li>会压抑自己内心真实的想法,习惯性地取悦别人,宁愿委屈自己,也要让别人满意。一旦拒绝别人,内心就会充满纠结或愧疚感。喜欢听从他人安排,没有自己的主见;喜欢顺从、讨好别人。</li>
                <li>沉默、孤僻,不愿意和周围人交流,不喜欢自我表现,所以在集体活动中不愿当领导,也没有勇气提出自己的意见和建议。</li>
                <li>在学校里面对课堂提问时,常低头不语,害怕受到别人的关注,总想躲开别人的注意。在家里敏感、多虑,容易因小事而过度焦急、烦躁不安和担心害怕。</li>
                <li>害怕面对和尝试新事物、新活动。</li>
              </ol></p>
            </li>
          </ul>
        <hr size="1" color="#ccc">
      </details>
</article>
<footer>
    <p align="center"><strong>教育的艺术在于唤醒、激励和鼓舞,尤其是对于青春期的孩子,他们敏感而脆弱的自尊心,更应得到尊重和保护!</strong></p>
</footer>
</body>
</html>
```

项目小结

本项目讲解了 HTML5 的列表元素 ul、ol、dl,结构元素 header、nav、article、section、aside、footer,分组元素 figure、figcaption、hgroup 和页面交互元素 details、summary 的用法与意义。在项目实战中结合了上面大部分的元素进行项目实际应用。

HTML5 中的相关元素有很多,而且 HTML5 元素常用的全局属性也有很多,有兴趣的读者可上网查询相关内容进行自学。

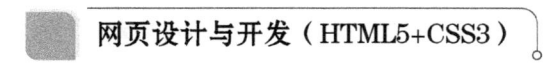

拓展任务

结合本项目所学的结构元素知识,制作图 2-11 所示的"唐诗宋词"页面。

图 2-11 拓展任务效果

知识小结

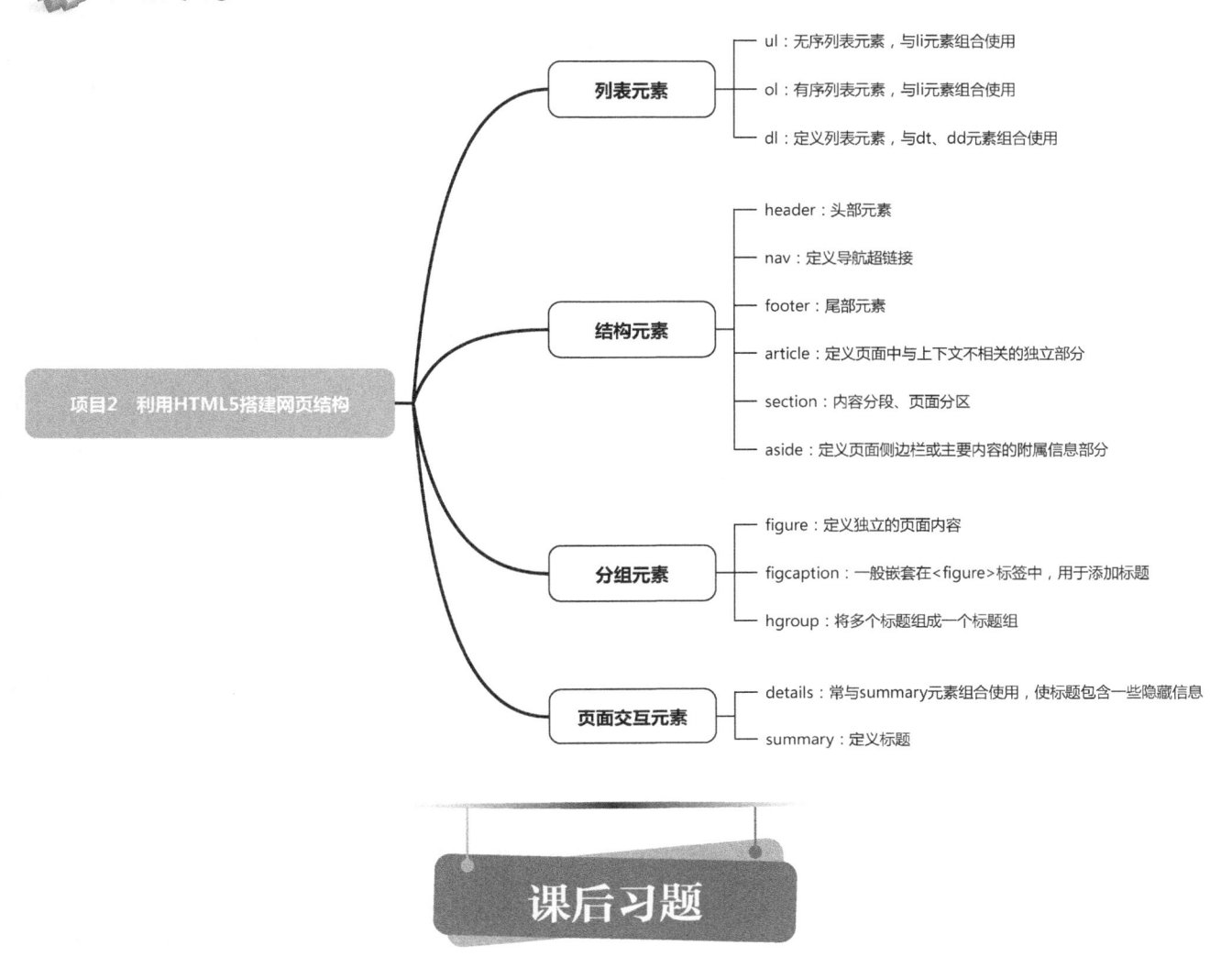

项目2 利用HTML5搭建网页结构

- 列表元素
  - ul：无序列表元素，与li元素组合使用
  - ol：有序列表元素，与li元素组合使用
  - dl：定义列表元素，与dt、dd元素组合使用
- 结构元素
  - header：头部元素
  - nav：定义导航超链接
  - footer：尾部元素
  - article：定义页面中与上下文不相关的独立部分
  - section：内容分段、页面分区
  - aside：定义页面侧边栏或主要内容的附属信息部分
- 分组元素
  - figure：定义独立的页面内容
  - figcaption：一般嵌套在<figure>标签中，用于添加标题
  - hgroup：将多个标题组成一个标题组
- 页面交互元素
  - details：常与summary元素组合使用，使标题包含一些隐藏信息
  - summary：定义标题

课后习题

一、选择题

1. 下面（　　）是无序列表元素。

   A. ul　　　　　　　　　　　　B. li

   C. ol　　　　　　　　　　　　D. dl

2. li 元素的作用是（　　）。

   A. 定义无序列表　　　　　　　B. 定义列表项目

   C. 定义有序列表　　　　　　　D. 定义自定义列表

3. 下面（　　）是有序列表元素。

   A. ul　　　　　　　　　　　　B. li

   C. ol　　　　　　　　　　　　D. dl

4. 下面（   ）是定义列表元素。

   A. ul   B. li

   C. ol   D. dl

5. 关于无序列表的基本用法，下列说法错误的是（   ）。

   A. <ul>标签用于定义无序列表

   B. <li></li>标签嵌套在<ul></ul>标签中，用于描述具体的列表项

   C. 每对<ul></ul>标签中都应至少包含一对<li></li>标签

   D. <li>标签不可以定义 type 属性，只能使用 CSS 样式属性代替

6. 关于有序列表和无序列表的嵌套，下列代码书写正确的是（   ）。

   A. <ol><ul> <li>列表项 1</li> <li>列表项 2</li></ul></ol>

   B. <ol><ul> <li>列表项 1</li> <li>列表项 2</li></ol></ul>

   C. <ol> <li>列表项 1 <ul> <li>列表项 1</li><li>列表项 1</li></ul></li> <li>列表项 2</li></ol>

   D. <ol><ul> <ol></ol></ul></ol>

7. 在下列选项中，可以作为 details 元素第一个子元素的是（   ）。

   A. nav   B. summary

   C. footer   D. figure

8. 在下列选项中，用来定义元素是否可以被拖动的属性是（   ）。

   A. draggable   B. datetime

   C. pubdate   D. low

9. header 元素的作用是（   ）。

   A. 定义网页或网页中一部分区域的页眉

   B. 定义网页或网页中一部分区域的页脚

   C. 定义导航超链接

   D. 定义页面的侧边栏内容

10. footer 元素的作用是（   ）。

    A. 定义网页或网页中一部分区域的页眉

    B. 定义网页或网页中一部分区域的页脚

    C. 定义导航超链接

    D. 定义页面的侧边栏内容

二、填空题

1. HTML5 中的_____元素是一种具有导航作用的结构元素，该元素可以包含所有通常放在页面头部的内容。

2. _____元素用来定义当前页面或文章的附属信息部分。

3. 用于定义导航超链接的元素是_____。

4. article 元素的含义是_____。

5. HTML5 中的_____元素可替代<div id="footer"></div>定义页面尾部。

项目 3

利用 CSS3 美化网页文本

● 项目描述

仅利用前面所学的 HTML5 知识无法满足网页设计的需求，网页字体、颜色及更加美观的网页布局、动画等都需要使用 CSS3 来实现，这样网页就可以实现 HTML5 结构与 CSS3 表现的分离，开发者在后期维护代码时也会更加便利。

本项目主要利用 HTML5 搭建网页基本结构，利用 CSS3 样式相关字体属性美化网页文本内容，完成一个具有图文混排效果的"反诈小课堂"页面。

● 项目效果

项目 3　利用 CSS3 美化网页文本

知识目标

1. 掌握 CSS3 样式的书写规则及用法。
2. 掌握 CSS3 基础选择器的用法。
3. 熟悉并掌握 CSS3 文本样式属性的用法及意义。
4. 理解 CSS3 优先级的概念。

技能目标

1. 能根据需要引入不同类别的 CSS3 样式表。
2. 能运用 CSS3 选择器定义相关标签样式。
3. 能运用 CSS3 相关文本样式属性定义文本样式。
4. 能区分复合选择器权重的大小。

素质目标

1. 在网页内容中融入思想政治内容，注重加强对学生的世界观、人生观和价值观的教育。
2. 在学习网页制作的过程中，培养学生探索、创新、实践、协作的职业素养。
3. 通过学习编程，培养学生的信息素养和逻辑思维能力。

任务 1　行内式的应用

任务描述

使用 CSS3 行内式样式对网页中的文本内容进行修饰，效果如图 3-1 所示。

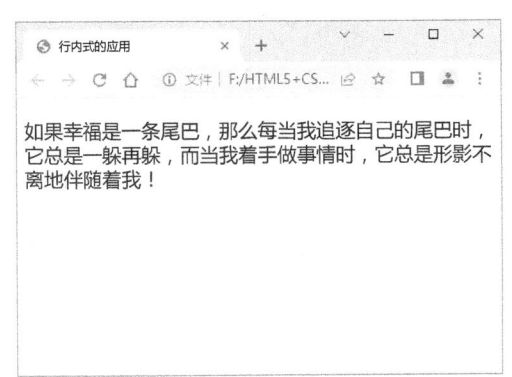

图 3-1　任务 1 效果

任务实现

3-1.html

```
<!doctype html>
<html>
<head>
<meta charset="utf-8" />
<title>行内式的应用</title>
</head>
<body><p style="color:blue;font-size:20px;">如果幸福是一条尾巴,那么每当我追逐自己的尾巴时,它总是一躲再躲,而当我着手做事情时,它总是形影不离地伴随着我!</p>
</body>
</html>
```

知识点拨

1. 认识 CSS

CSS（串联样式表）是美化网页的一种表现形式。它非常灵活，既可以嵌入 HTML 文档中，也可以是一个单独的外部文件，如果是单独的文件，则必须以.css 为后缀。

目前，CSS 的最新版本是 CSS3，其通过浏览器进行解析执行，并完全兼容 CSS 样式规则。CSS3 不仅可以设计美观的网页，还能提高网页的性能，最大的优势主要体现在节约成本和提高性能两方面。

2. CSS3 样式规则

设置 CSS3 样式的具体语法规则如下。

```
选择器{属性1:属性值1;属性2:属性值2;属性3:属性值3;...}
```

除了遵循以上规则，还必须注意 CSS 代码结构的一些特点，具体如下。

- CSS3 样式中的选择器严格区分字母大小写，按照书写习惯，一般选择器、声明（属性:属性值）都采用小写字母的形式。
- 多个属性之间必须用英文状态下的分号隔开，最后一个属性后的分号可以省略，但是为了便于增加新样式最好保留。
- 如果属性值由多个单词组成且中间包含空格，则必须为这个属性值加上英文状态下的引号。例如:

```
p{font-family:"Times New Roman"}
```

3. 引入 CSS3 样式表

引入 CSS3 样式表包括 4 种方式，分别是行内式、内嵌式、链入式、导入式。需要注意的是，CSS3 的样式表文件是纯文本文件。任务 1～任务 4 分别对引入 CSS3 样式表的几种方式进行介绍。

行内式的语法规则如下。

```
<标签名 style="属性1:属性值1;属性2:属性值2;属性3:属性值3;...">
```

在"color:blue;font-size:20px;"中，color（字体颜色）和 font-size（字体大小）为属性，冒号后的 blue 和 20px 为属性值。color 和 font-size 都是与字体相关的属性，后面将详细讲解。

任务 2　内嵌式的应用

任务描述

使用 CSS3 内嵌式样式对网页中的文本内容进行修饰，效果如图 3-2 所示。

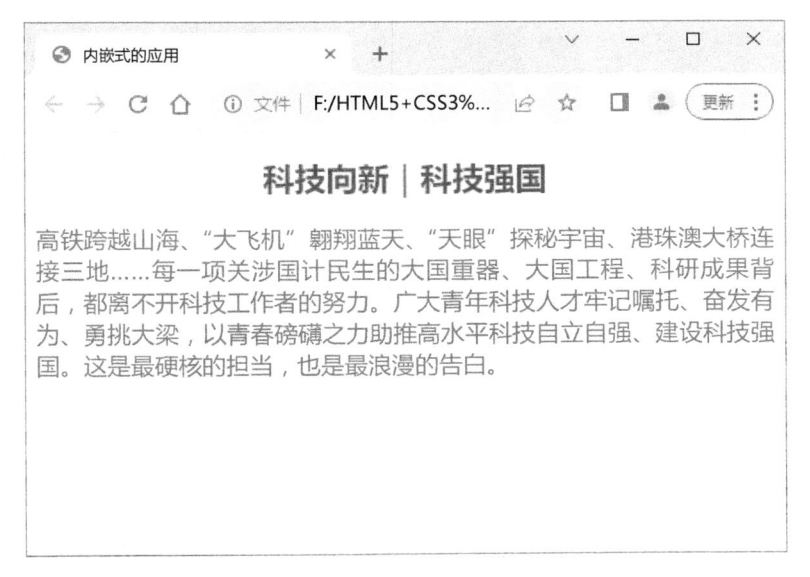

图 3-2　任务 2 效果

任务实现

3-2.html

```
<!doctype html>
<html>
<head>
```

```
<meta charset="utf-8">
<title>内嵌式的应用</title>
<style type="text/css">
h2{text-align:center;   /*定义标题居中对齐*/
   color: red;
}
p{  /*定义段落样式*/
font-size:18px;
color:#06F;
}
</style>
</head>
<body>
<h2>科技向新丨科技强国</h2>
<p>高铁跨越山海、"大飞机"翱翔蓝天、"天眼"探秘宇宙、港珠澳大桥连接三地……每一项关涉国计民生的大国重器、大国工程、科研成果背后，都离不开科技工作者的努力。广大青年科技人才牢记嘱托、奋发有为、勇挑大梁，以青春磅礴之力助推高水平科技自立自强、建设科技强国。这是最硬核的担当，也是最浪漫的告白。</p>
</body>
</html>
```

知识点拨

1. 内嵌式

使用<style>标签在 HTML 文档头部（<head>和</head>之间）定义 CSS3 样式的格式如下。

```
<head>
<style type="text/css">
   选择器{属性1:属性值1;属性2:属性值2;属性3:属性值3;...}
</style>
</head>
```

内嵌式将网页结构与样式进行了不完全分离，如果要制作一个较小的网页，则内嵌式是很好的选择；如果要制作一个网站，则不建议使用内嵌式。

2. CSS3 注释

位于<style>标签内的 CSS3 注释，以/*开始，以*/结束，注释不会在浏览器中显示。例如：

```
/* 这是一条单行注释 */
p {
  color: red;}  /* 将文本颜色设置为红色 */
```

CSS3 注释能横跨多行。例如：

```
/* 这是
一条多行的
注释 */
```

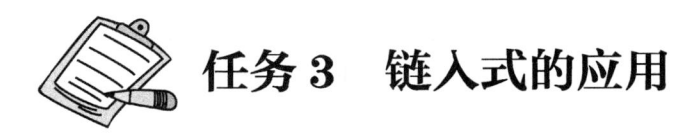

任务 3　链入式的应用

任务描述

使用 CSS3 链入式样式引入外部样式表文件，对网页中的文本内容进行修饰，效果如图 3-3 所示。

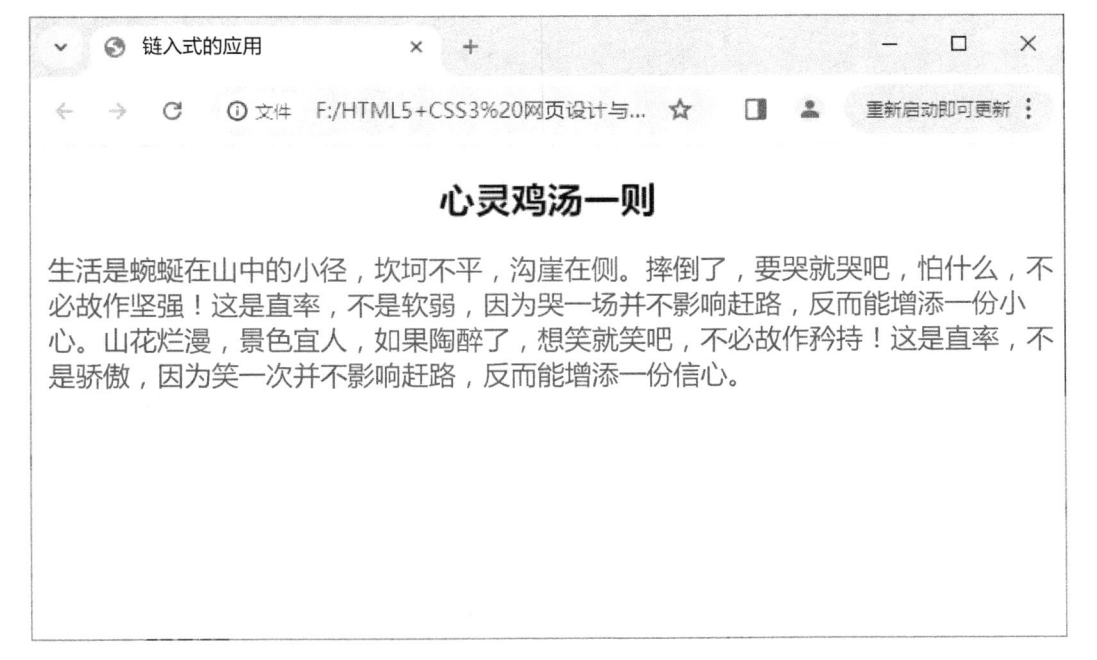

图 3-3　任务 3 效果

任务实现

3-3.html

HTML5 结构如下。

```
<!doctype html>
<html>
<head>
```

```
<meta charset="utf-8">
<title>链入式的应用</title>
<link href="style.css" type="text/css" rel="stylesheet" />
</head>
<body>
<h2>心灵鸡汤一则</h2>
<p>生活是蜿蜒在山中的小径，坎坷不平，沟崖在侧。摔倒了，要哭就哭吧，怕什么，不必故作坚强！这是直率，不是软弱，因为哭一场并不影响赶路，反而能增添一份小心。山花烂漫，景色宜人，如果陶醉了，想笑就笑吧，不必故作矜持！这是直率，不是骄傲，因为笑一次并不影响赶路，反而能增添一份信心。</p>
</body>
</html>
```

style.css 代码如下。

```
@charset "utf-8";
/* CSS Document */
h2{ text-align:center;}
p{                                          /*定义文本修饰样式*/
font-size:18px;
color:red;
text-decoration:underline;                  /*为文本添加下画线*/
}
```

知识点拨

链入式是指将所有的样式放在一个或多个以.css 为后缀的外部样式表文件中，并在 HTML5 中使用<link>标签引入外部样式表文件的方式。这是网站设计中应用最多的一种方式，也是最实用的方式。这种方式将 HTML5 文档和 CSS3 文件完全分离，从而实现了结构层和表现层的彻底分离，增强了网页结构的可扩展性和 CSS3 样式的可维护性。

链入式的基本语法格式如下。

```
<head>
<link href="CSS3样式表文件路径" type="text/css" rel="stylesheet" />
</head>
```

在上述语法格式中，<link/>标签需要放在<head>标签中，并且<link/>标签的 3 个属性（href、type、rel）不可缺少。

href：定义被链接外部样式表文件的位置。

type：定义被链接文档的类型，"text/css"表示被链接的文档为 CSS3 样式表。

rel：定义当前文档与被链接文档之间的关系，"stylesheet"表示被链接的文档是一个样式表文件。

任务 4 导入式的应用

任务描述

使用 CSS3 导入式样式引入外部样式表文件，对网页中的文本内容进行修饰，效果如图 3-4 所示。

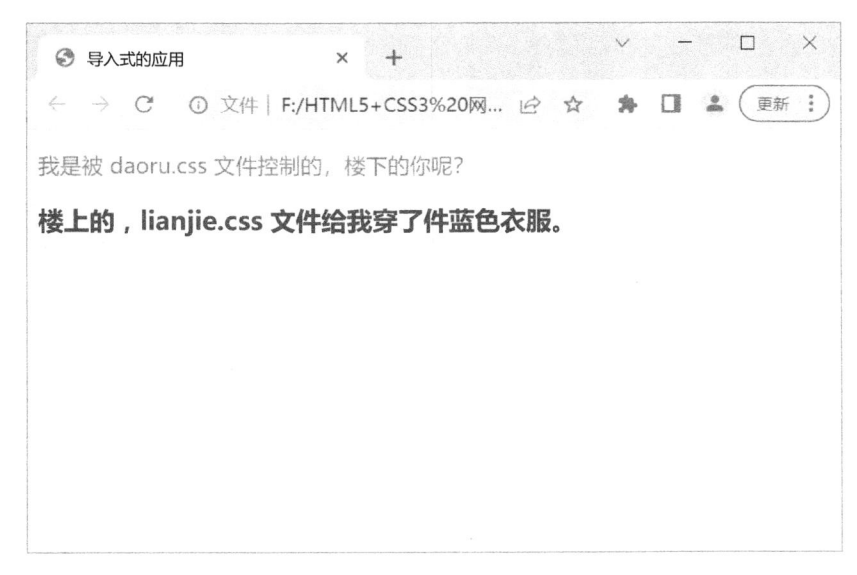

图 3-4 任务 4 效果

任务实现

3-4.html

```
<!doctype html>
<html>
<head>
<meta charset="utf-8">
<title>导入式的应用</title>
    <style type="text/css">
    @import url(lianjie.css);
    @import url(daoru.css);
</style>
</head>
<body>
    <p>我是被 daoru.css 文件控制的，楼下的你呢？</p>
    <h3>楼上的，lianjie.css 文件给我穿了件蓝色衣服。</h3>
```

```
</body>
</html>
```

知识点拨

导入式与链入式相同，都是针对外部样式表文件的。在 HTML 文档头部应用<style>标签，并在<style>标签开头使用@import 语句，即可导入外部样式表文件。其语法格式如下。

```
<head>
<style type="text/css">
    @import url(CSS3 样式表文件路径);//或 @import "CSS3 样式表文件路径";
</style>
</head>
```

在<style>标签内还可以存放其他的内嵌样式，@import 语句需要位于其他内嵌样式的上面。导入式和链入式的加载顺序不同，大多数网站主要使用链入式，其用户体验更好一些。

任务 5　标签选择器和类选择器的应用

任务描述

使用 CSS3 标签选择器和类选择器对网页中的文本内容进行不同样式的修饰，效果如图 3-5 所示。

图 3-5　任务 5 效果

任务实现

3-5.html

```html
<!doctype html>
<html>
<head>
<meta charset="utf-8">
<title>标签选择器和类选择器的应用</title>
<style type="text/css">
.red{color:red;}
.green{color:green;}
.font{font-size:22px;}
p{
   text-decoration:underline;
   font-family:"微软雅黑";
}
</style>
</head>
<body>
<h2 class="red">《劝学诗》</h2>
<p class="green font">少年易老学难成，</p>
<p class="red font">一寸光阴不可轻。</p>
<p class="green">未觉池塘春草梦，</p>
<p>阶前梧叶已秋声。</p>
</body>
</html>
```

知识点拨

CSS3 中的基础选择器有标签选择器、类选择器、ID 选择器、通配符选择器。"选择器"指明了{}中的"样式"的作用对象，也就是"样式"作用于网页中的哪些元素。

- 标签选择器。

标签选择器是指用 HTML 标签名作为选择器，所有的 HTML 标签名都可以作为标签选择器。其语法格式如下。

```
标签名{属性1:属性值1;属性2:属性值2;属性3:属性值3;...}
```

例如，定义页面字体大小为 14px，字体颜色为蓝色的样式。

```
body{font-size:14px;color:blue;}
```

- 类选择器。

类选择器使用"."（英文点号）进行标识，后面紧跟类名。其最大的优点是可以为元素对象定义单独的样式，并且可以多次套用，语法格式如下。

```
.类名{属性1:属性值1;属性2:属性值2;属性3:属性值3;...}
```

在 HTML5 中，可以为元素定义一个 class 属性，将其属性值设置为类名。例如：

```
<p class="A">段落1</p>
```

那么定义该段落的样式为：

```
.A{属性1:属性值1;属性2:属性值2;...}
```

注意：class 属性值不能以数字开头，如果以符号开头，则只能使用"_"或者"-"符号，不可使用其他符号。一个 class 属性可以包含多个属性值。

ID 选择器和通配符选择器在后续任务中逐一解释，这里不做详细介绍。

任务 6 ID 选择器的应用

任务描述

使用 CSS3 的 ID 选择器对网页中的文本内容进行不同样式的修饰，效果如图 3-6 所示。

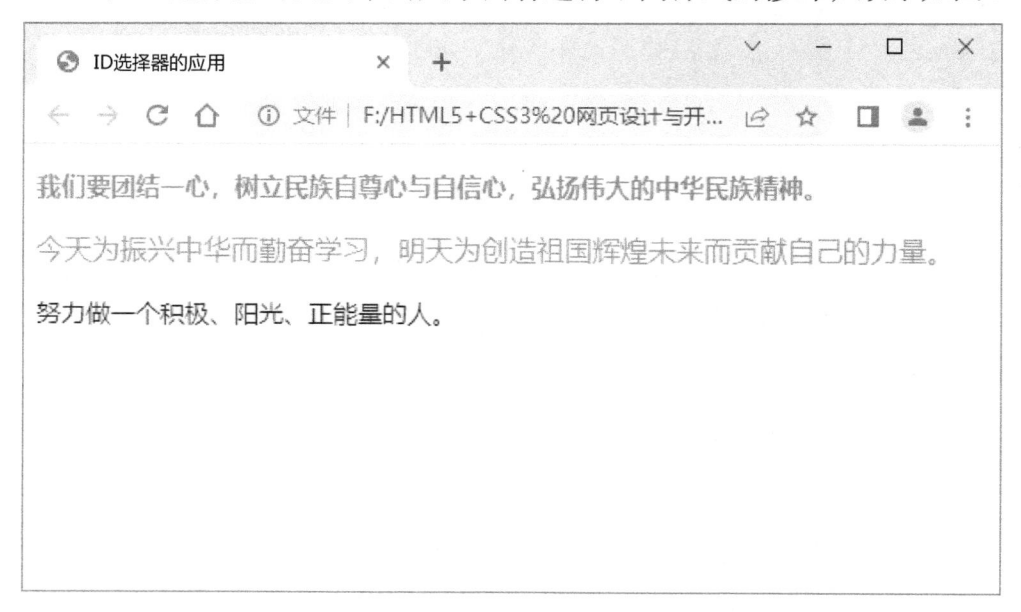

图 3-6 任务 6 效果

任务实现

3-6.html

```
<!doctype html>
<html>
<head>
<meta charset="utf-8">
<title>ID 选择器的应用</title>
<style type="text/css">
#one {font-weight:bold;
      color:#090;}
#two {font-size:18px;
      color:#F60;}
</style>
</head>
<body>
<p id="one">我们要团结一心，树立民族自尊心与自信心，弘扬伟大的中华民族精神。</p>
<p id="two">今天为振兴中华而勤奋学习，明天为创造祖国辉煌未来而贡献自己的力量。</p>
<p id="one two">努力做一个积极、阳光、正能量的人。</p>
</body>
</html>
```

知识点拨

ID 选择器使用"#"进行标识，后面紧跟 ID 名，语法格式如下。

`#ID 名{属性1:属性值1;属性2:属性值2;属性3:属性值3;...}`

在以上语法格式中，ID 名为 HTML 元素的 id 属性值，ID 名是唯一的，只能对应于网页中某一个具体的元素。

注意：在上面的代码中，对于<p id="one">...</p>，在定义样式时，选择器名称为#one，其他的以此类推，但因为 id 属性值具有唯一性，所以在 <p id="one two">...</p>中，#one 和#two 两者的样式并没有套用在这个段落样式中，这段内容的样式依然是网页默认的样式。

任务 7 通配符选择器的应用

任务描述

使用 CSS3 通配符选择器对网页中的文本内容进行不同样式的修饰，效果如图 3-7 所示。

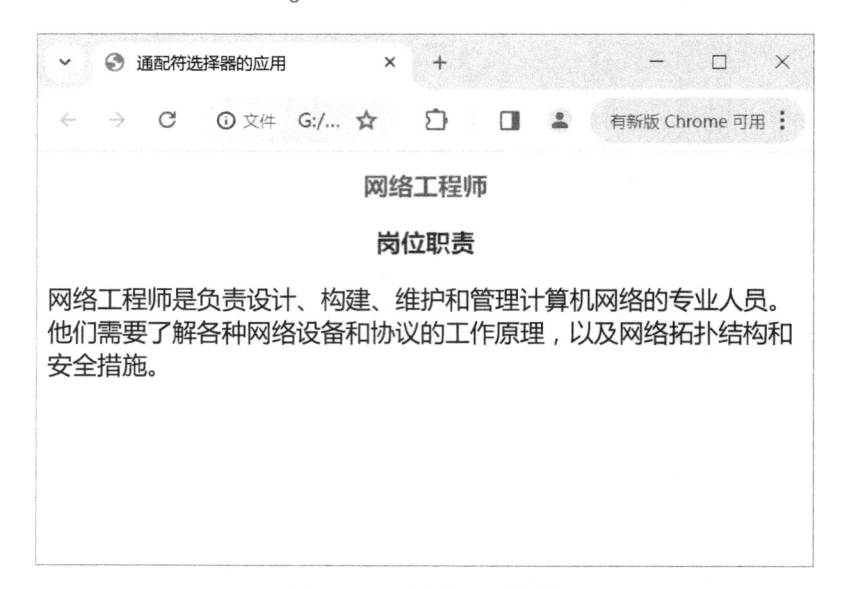

图 3-7 任务 7 效果

任务实现

3-7.html

```
<!doctype html>
<html>
<head>
<meta charset="utf-8">
<title>通配符选择器的应用</title>
<style type="text/css">
*{
   font-size:18px;
   color:blue;
   text-align:center;
    }
 h1{
     color:#F06;
     }
p{text-align: left;}
</style>
</head>

<body>
<h1>网络工程师</h1>
<h3>岗位职责</h3>
<p>网络工程师是负责设计、构建、维护和管理计算机网络的专业人员。他们需要了解各种网络设备和协
```

议的工作原理，以及网络拓扑结构和安全措施。</p>
</body>
</html>

知识点拨

通配符选择器使用"*"号进行标识。它是所有选择器中作用范围最广的，能匹配页面中所有的元素，属于全局声明语法，基本语法格式如下。

*{属性1:属性值1;属性2:属性值2;属性3:属性值3;...}

一般在页面初始化或某些特殊情况下（如清除页面内外边距）才会使用通配符选择器。

任务 8　标签指定式选择器的应用

任务描述

使用 CSS3 标签指定式选择器对网页中的部分文本内容进行样式修饰，要求体现出该选择器的用法，效果如图 3-8 所示。

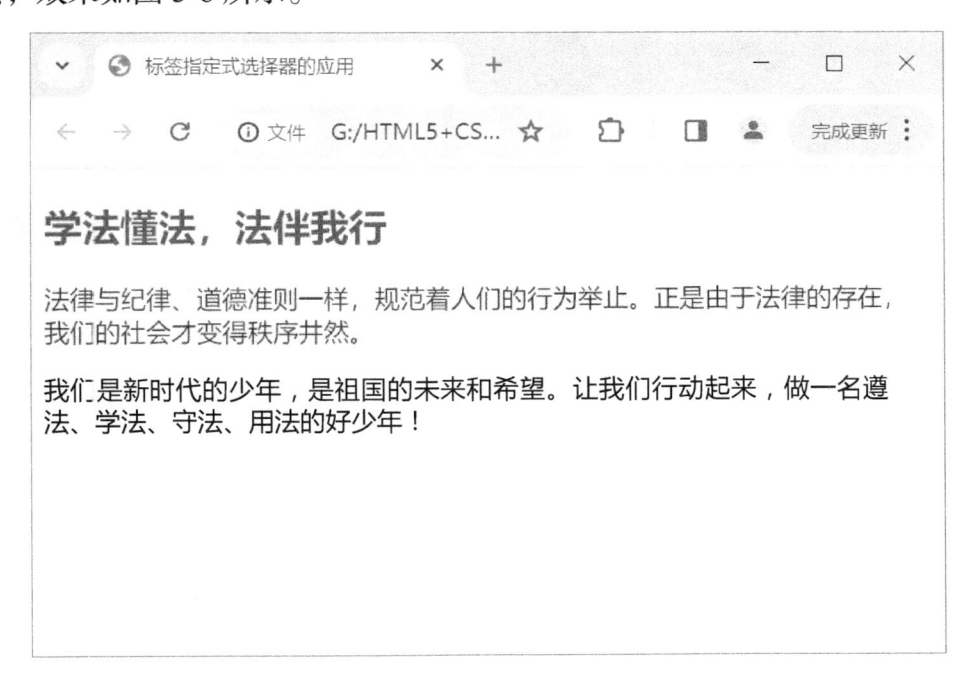

图 3-8　任务 8 效果

任务实现

3-8.html

```html
<!doctype html>
<html>
<head>
<meta charset="utf-8">
<title>标签指定式选择器的应用</title>
<style type="text/css">
    .one{color: red;}
    p.one{color: blue;}
</style>
</head>

<body>
    <h2 class="one">学法懂法，法伴我行</h2>
    <p class="one">法律与纪律、道德准则一样，规范着人们的行为举止。正是由于法律的存在，我们的社会才变得秩序井然。</p>
    <p >我们是新时代的少年，是祖国的未来和希望。让我们行动起来，做一名遵法、学法、守法、用法的好少年！</p>
</body>
</html>
```

知识点拨

标签指定式选择器由两个选择器组成，又被称为交集选择器，其中第一个为标签选择器，第二个为类选择器或 ID 选择器，两个选择器之间不能有空格，如 p.one 或 p#one。在该任务中，p.one 的样式只适用于<p class="one">，所以只有这部分内容呈现出了蓝色，其余内容则不受影响。

任务 9　后代选择器的应用

任务描述

使用 CSS3 后代选择器对网页中的部分文本内容进行样式修饰，要求体现出该选择器的用法，效果如图 3-9 所示。

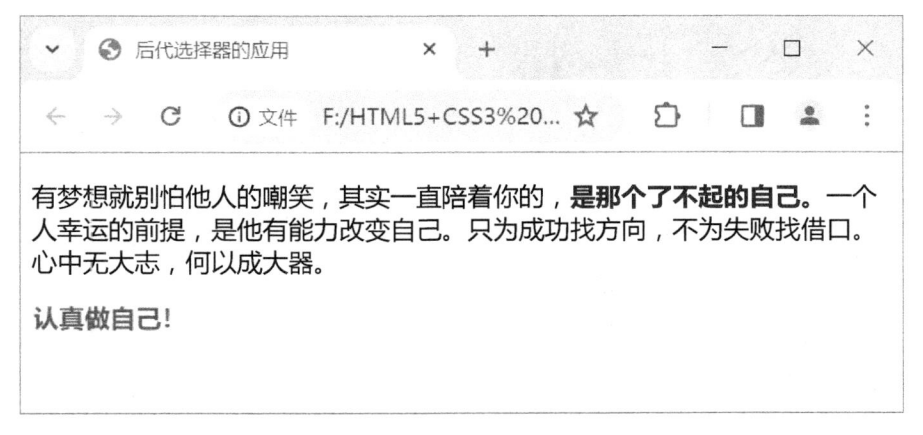

图 3-9 任务 9 效果

任务实现

3-9.html

```
<!doctype html>
<html>
<head>
<meta charset="utf-8">
<title>后代选择器的应用</title>
<style type="text/css">
    p strong{color: blue;}
    strong{color: red;}

</style>
</head>
<body>
<p>有梦想就别怕他人的嘲笑，其实一直陪着你的，<strong>是那个了不起的自己。</strong>一个人幸运的前提，是他有能力改变自己。只为成功找方向，不为失败找借口。心中无大志，何以成大器。</p>
<strong>认真做自己！</strong>
</body>
</html>
```

知识点拨

后代选择器的写法是把外层标签写在前面、内层标签写在后面，中间用空格分隔。当标签发生嵌套时，内层标签就成了外层标签的后代。

在该任务中，p strong{color: blue;}代表该样式只套用在<p>标签里面嵌套的<strong>标签的内容上。

任务 10　并集选择器的应用

任务描述

使用 CSS3 并集选择器对网页中的文本内容进行不同样式的修饰，要求体现出该选择器的用法，效果如图 3-10 所示。

图 3-10　任务 10 效果

任务实现

3-10.html

```
<!doctype html>
<html>
<head>
<meta charset="utf-8">
<title>并集选择器的应用</title>
<style type="text/css">
body{text-align:center;}
h2{color:#09F;}
.one,.three{color:blue;}
.two,.four,.five{color:#F60;}
</style>
</head>
<body>
```

```
<h2>信息技术系</h2>
<p class="one">网络与信息安全专业</p>
<p class="two">计算机网络技术专业</p>
<p class="three">云计算技术应用专业</p>
<p class="four">移动互联网应用技术专业</p>
<p class="five">虚拟现实技术应用专业</p>
</body>
</html>
```

知识点拨

并集选择器是由多个选择器通过英文逗号连接而成的，属于集体声明语法。常用的 3 种选择器（标签选择器、类选择器和 ID 选择器）都可以作为并集选择器的一部分。

在该任务中，对第一段和第三段，第二段、第四段和第五段分别定义样式，这样可以避免代码重复，使 CSS3 代码更简洁、直观。

任务 11　字体样式属性的应用

任务描述

使用字体样式属性（如 font-size、font-family、font-weight、font-style 等）对网页中的文本内容进行设置，效果如图 3-11 所示。

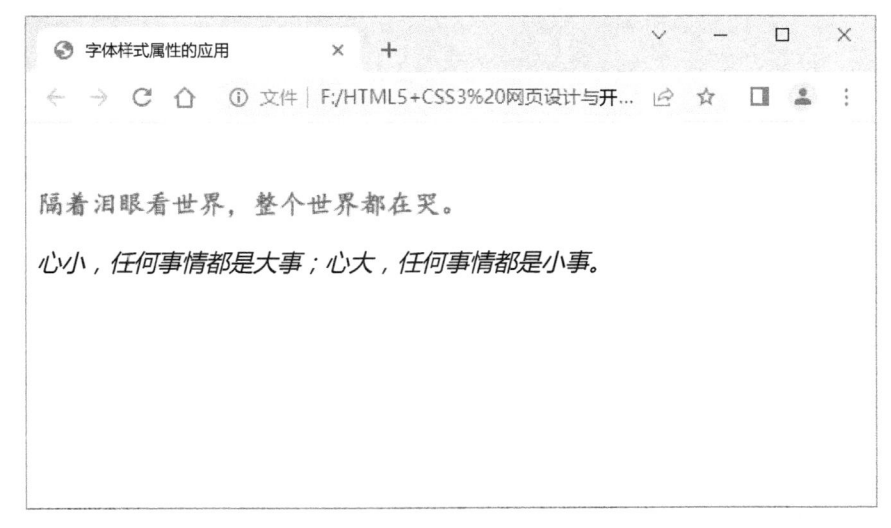

图 3-11　任务 11 效果

任务实现

3-11.html

```html
<!doctype html>
<html>
<head>
<meta charset="utf-8">
<title>字体样式属性的应用</title>
<style type="text/css">
.one{
font-size:20px;
font-family:"楷体";
font-weight:bold;
color:#33F;
}
.two{
font-size:18px;
font-family:"微软雅黑";
font-style:italic;
}
</style>
</head>

<body>
<p class="one">隔着泪眼看世界,整个世界都在哭。</p>
<p class="two">心小,任何事情都是大事;心大,任何事情都是小事。</p>
</body>
</html>
```

知识点拨

1. font-size 属性

font-size 属性用于设置不同 HTML 元素的字体大小,常用的单位是 px。

2. font-family 属性

font-family 属性用于设置字体,网页中常用的字体有宋体、微软雅黑、黑体等。该属性也可以同时指定多个字体,中间用英文逗号隔开。需要注意的是,中文字体需要使用英文引号引起。

3．font-weight 属性

font-weight 属性用于定义字体的粗细。其可用的属性值如表 3-1 所示。

表 3-1　font-weight 属性值

属性值	描述
normal	默认值，定义标准字符
bold	定义加粗字符
bolder	定义更粗的字符
lighter	定义更细的字符
100~900（100 的整数倍）	定义由细到粗的字符。400 等同于 normal，700 等同于 bold

4．font-style

font-style 属性用于设置字体风格，如斜体等。其可用的属性值如表 3-2 所示。

表 3-2　font-style 属性值

属性值	描述
normal	默认值，浏览器会显示字体的标准样式
italic	设置字体为斜体样式，它使用的是文本自身的斜体属性，一般设置字体斜体时常用该属性值
oblique	设置字体为斜体样式，它是对没有斜体属性的文本进行斜体处理

任务 12　@font-face 的应用

任务描述

使用@font-face 定义服务器的字体，并将该样式应用于网页文本，效果如图 3-12 所示。

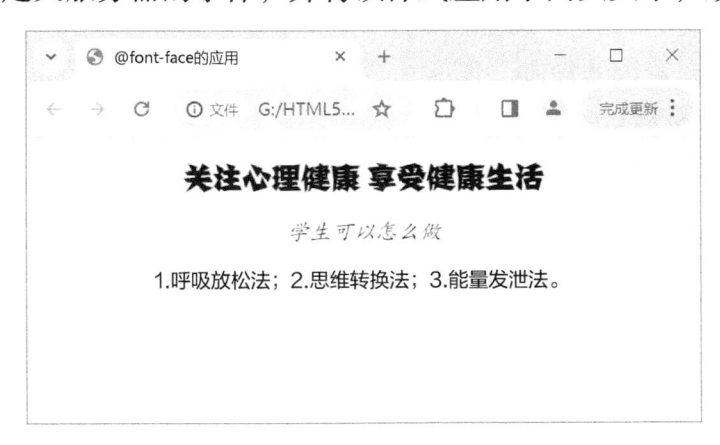

图 3-12　任务 12 效果

任务实现

3-12.html

```
<!doctype html>
<html>
<head>
<meta charset="utf-8">
<title>@font-face 的应用</title>
<style type="text/css">
    body{text-align: center;}
    @font-face{
        font-family:ziti;
        src:url("ziti.TTF");
    }
    h2{
        font-family:ziti;          /*设置字体样式*/
    }
    h3{font:italic 18px/20px "楷体";}
</style>
</head>
<body>
<h2>关注心理健康 享受健康生活</h2>
<h3>学生可以怎么做</h3>
<p>1.呼吸放松法；2.思维转换法；3.能量发泄法。</p>
</body>
</html>
```

知识点拨

1. @font-face

@font-face 是 CSS3 新增的规则，用于定义服务器字体，在计算机未安装需要的字体时，可以使用该规则定义服务器字体，并将其套用到字体样式中。其语法格式如下。

```
@font-face{
    font-family:字体名称;           /* 用于指定服务器字体名称 */
    src:字体路径;                   /* 用于指定服务器字体路径 */
}
```

在该任务中，使用@font-face 定义服务器字体后，在下面的段落中直接使用定义好的字体即可。

2. font 属性

font 属性用于对字体样式进行综合设置，语法格式如下。

```
选择器{font:font-style font-weight font-size/line-height font-family;}
```

在上面的语法格式中，不需要的属性可以省略，但 font-size 和 font-family 属性必须保留，否则 font 属性无效。该任务中的 h3{font:italic 18px/20px "楷体";}等价于下面的代码。

```
h3{
    font-style:italic;
    font-size:18px;
    line-height:20px;
    font-family: "楷体";
}
```

line-height 属性用于设置字体行高，在任务 13 中将详细讲解。

任务 13　文本外观属性的应用

任务描述

使用文本外观属性对网页中的文本内容进行设置，效果如图 3-13 所示。

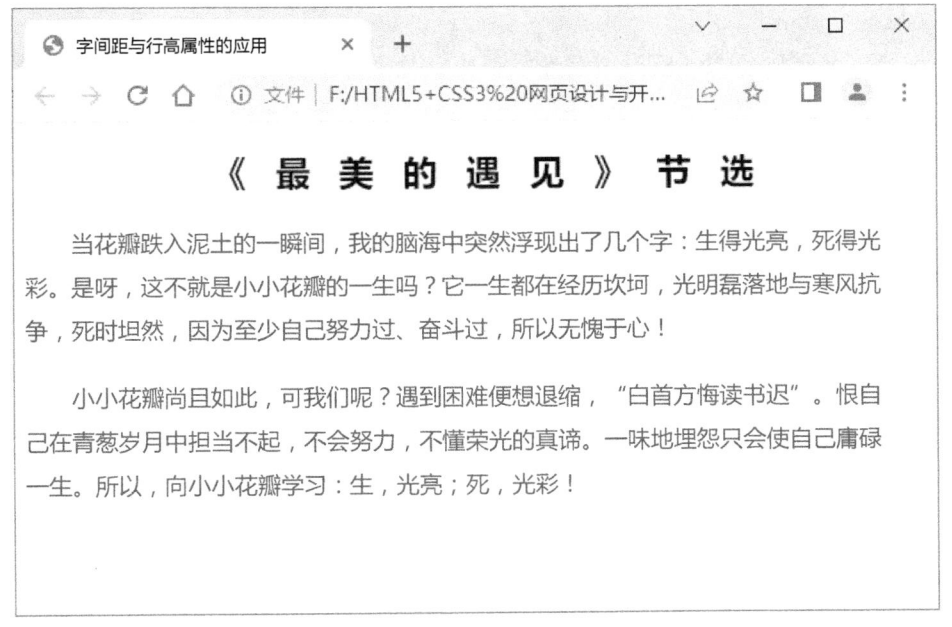

图 3-13　任务 13 效果

任务实现

3-13.html

```html
<!doctype html>
<html>
<head>
<meta charset="utf-8">
<title>字间距与行高属性的应用</title>
<style type="text/css">
p{
    font-size:16px;
    font-family:"微软雅黑";
    color:#33F;
    text-indent: 2em;
    line-height: 30px;
    }
h2{text-align: center;
   letter-spacing: 20px;
   color: #000;}

</style>
</head>

<body>
<h2>《最美的遇见》节选</h2>
<p>当花瓣跌入泥土的一瞬间,我的脑海中突然浮现出了几个字:生得光亮,死得光彩。是呀,这不就是小小花瓣的一生吗?它一生都在经历坎坷,光明磊落地与寒风抗争,死时坦然,因为至少自己努力过、奋斗过,所以无愧于心!
</p>
<p>小小花瓣尚且如此,可我们呢?遇到困难便想退缩,"白首方悔读书迟"。恨自己在青葱岁月中担当不起,不会努力,不懂荣光的真谛。一味地埋怨只会使自己庸碌一生。所以,向小小花瓣学习:生,光亮;死,光彩!</p>
</body>

</html>
```

知识点拨

1. color 属性

color 属性用于定义文本颜色,常用的取值方式有以下几种。

- 预定义的颜色值，如red、blue、yellow等。
- 十六进制颜色值，如#000000、#C71C1F、#720D0E等。在实际操作中，十六进制颜色值是最常用的。一部分有规律的十六进制颜色值可缩写成3位，如#000000等同于#000、#FF6600等同于#F60等。
- RGB值：以"rgb("开头，后面跟3个用逗号分隔的数字，分别代表红色、绿色、蓝色通道的值，范围为0~255，如rgb(255,0,0)（红色）。

2．letter-spacing 属性

letter-spacing属性用于定义字间距（字符与字符之间的距离）。字间距常用的单位是px，也可以使用em作为单位。在定义字间距时，允许使用负值，默认值为normal。

还有一种用于定义英文单词间距的属性，即word-spacing。它对中文字符无效，一般在中文网站中用得较少。

3．line-height 属性

line-height属性用于设置行与行的间距，一般称为行高。在网页中一般有文本段落的地方建议设置行高属性。line-height常用的属性值单位有3种，分别是px、em（取决于当前行内文本的字体大小）和%，实际使用最多的是px。

4．text-indent 属性

text-indent属性用于设置段落首行文本的缩进，其属性值的单位与行高属性值的单位类似，同样有3种，即px、em（字符宽度的倍数）和%（相对于浏览器窗口宽度的百分比），建议使用em作为单位，其允许使用负值。在该任务中，代码"text-indent: 2em;"表示每个段落缩进两个字符（通俗来讲就是段落首行空两格）。

5．text-align 属性

text-align属性用于设置文本内容的水平对齐方式，相当于HTML5中的align对齐属性，可用属性值包括left（左对齐）、right（右对齐）、center（居中对齐）。该属性的使用频率较高，但需注意的是：

- 它仅适用于块元素（后面会详细讲解），对行内元素无效；
- 如果要设置图像的水平对齐方式,则先为图像添加一个父标签(如<p>),然后设置text-align属性，即可实现图像的水平对齐。

任务 14 文本装饰与文本阴影属性的应用

任务描述

使用文本装饰与文本阴影属性对网页中的文本内容进行不同样式的设置，效果如图 3-14 所示。

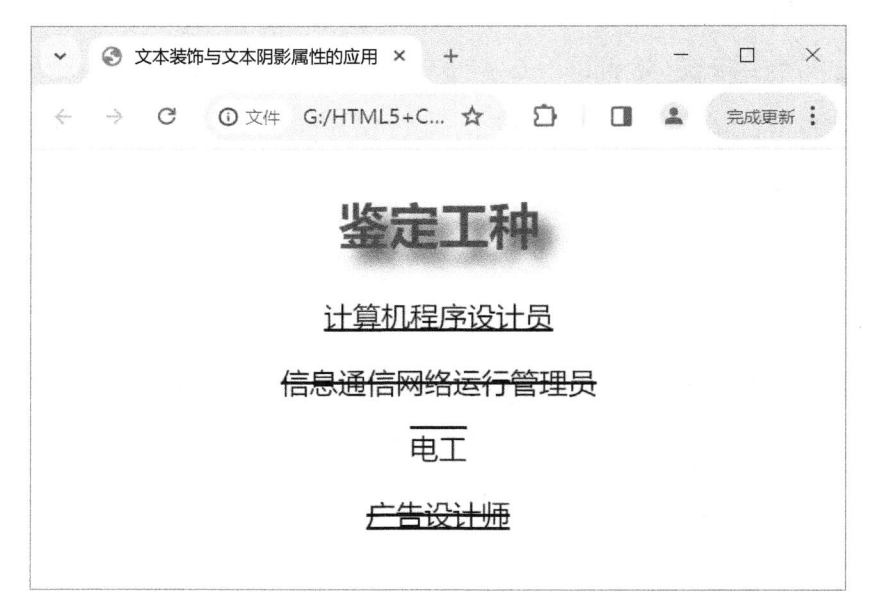

图 3-14 任务 14 效果

任务实现

3-14.html

```
<!doctype html>
<html>
<head>
<meta charset="utf-8">
<title>文本装饰与文本阴影属性的应用</title>
<style type="text/css">
body{text-align: center;
    font-size: 20px;
    }
h2{color:red;
   font-size: 35px;
   text-shadow: 10px 10px 10px red;
```

```
        }
.one{text-decoration:underline;}
.two{text-decoration: line-through;}
.three{text-decoration: overline;}
.four{text-decoration: underline line-through;}
</style>
</head>
<body>
<h2>鉴定工种</h2>
<p class="one">计算机程序设计员</p>
<p class="two">信息通信网络运行管理员</p>
<p class="three">电工</p>
<p class="four">广告设计师</p>
</body>
</html>
```

知识点拨

1. text-decoration 属性

text-decoration 属性用于设置文本的下画线、上画线、删除线等装饰效果，常用属性值如下。

- none：没有装饰。
- underline：下画线。
- overline：上画线。
- line-through：删除线。

text-decoration 属性可以设置多个属性值，例如，该任务中的"广告设计师"文本就同时设置了下画线和删除线。"text-decoration:none;"常用于去掉超链接的下画线，在网页中设置超链接样式时经常会用到。

2. text-shadow 属性

text-shadow 是 CSS3 新增的属性，用于设置页面中文本的阴影效果。其基本语法格式如下。

选择器{text-shadow: h-shadow v-shadow blur color;}

在上面的语法格式中，h-shadow 用于设置水平阴影的距离，v-shadow 用于设置垂直阴影的距离，blur 用于设置模糊半径，color 用于设置阴影的颜色。

3. 知识补充：text-transform 属性

text-transform 属性用于控制英文字母的大小写，是文本转换属性，平时用得较少。其可用的属性值如下。

- none：不转换。
- capitalize：首字母大写。
- uppercase：将全部字母转换为大写字母。
- lowercase：将全部字母转换为小写字母。

任务 15　文本溢出属性的应用

任务描述

使用文本溢出属性，并结合空白符的处理方式，将部分无法显示在页面内的文本以省略号的形式呈现，效果如图 3-15 所示。

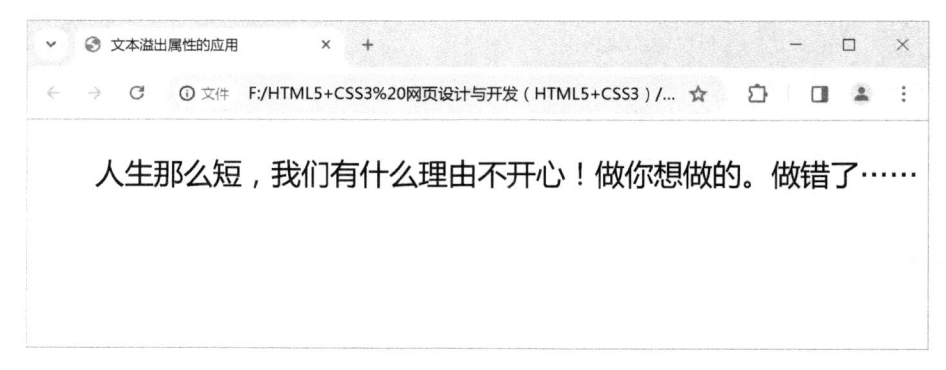

图 3-15　任务 15 效果

任务实现

3-15.html

```
<!doctype html>
<html>
<head>
<meta charset="utf-8">
<title>文本溢出属性的应用</title>
<style type="text/css">
p{
    text-indent: 2em;
    font-size: 25px;
    white-space:nowrap;          /*强制文本不换行*/
```

```
        overflow:hidden;                /*隐藏溢出文本*/
        text-overflow:ellipsis;    /*用省略号代替被隐藏的文本*/
    }
    </style>
    </head>
    <body>
    <p>人生那么短，我们有什么理由不开心！做你想做的。做错了，无须后悔，无须抱怨，世界上没有完美的人。摔倒了，再重新爬起来。不经历风雨怎能见彩虹，相信下一次会走得更稳。  </p>
    </body>
    </html>
```

知识点拨

1. text-overflow 属性

text-overflow 是 CSS3 新增的属性，用于处理溢出文本。其常用属性值如下。

- clip：隐藏溢出文本，不显示省略号。
- ellipsis：用省略号代替被隐藏的文本。

2. white-space 属性

white-space 属性用于指定空白符的处理方式。其常用属性值如下。

- normal：常规，文本中的空格、空行无效，满行后自动换行。
- pre：预格式化，浏览器按照文档的书写格式保留空格、空行，将其原样显示。
- nowrap：强制文本不换行，文本会在同一行上显示，直到遇到
标签为止。
- inherit：规定从父元素继承 white-space 属性值。

在该任务中，想让被隐藏的文本用省略号代替，下面这 3 条语句是不可缺少的，读者在设计此类效果时要注意。

```
        white-space:nowrap;             /*强制文本不换行*/
        overflow:hidden;                /*隐藏溢出文本*/
        text-overflow:ellipsis;    /*用省略号代替被隐藏的文本*/
```

任务 16 CSS3 层叠性和继承性的应用

任务描述

在网页中对某一文本内容同时使用标签选择器、类选择器和 ID 选择器进行定义，并使用相同的标签选择器对另一文本内容进行定义，要求体现出 CSS3 的层叠性和继承性，效果如图 3-16 所示。

图 3-16　任务 16 效果

任务实现

3-16.html

```
<!doctype html>
<html>
<head>
<meta charset="utf-8">
<title>CSS3 层叠性和继承性的应用</title>
<style type="text/css">
body{color:#F06;}
p{
   font-size:14px;
   font-family:"微软雅黑";
}
.one{font-size:16px;}
#web{
    color:blue;
    font-weight:bold;
    }
</style>
</head>
<body>
<p class="one" id="web">网页设计与制作</p>
<p>Web 前端开发</p>
<p>网站开发</p>
```

```
</body>
</html>
```

知识点拨

1. 层叠性

层叠性是指多种 CSS3 样式叠加在一起。

该任务中的文本"网页设计与制作"同时叠加了标签选择器 p 定义的字号"14px"和字体"微软雅黑"、类选择器.one 定义的字号"16px"及 ID 选择器#web 定义的字体颜色"blue"和字体加粗"bold"效果。需要注意的是,标签选择器 p 和类选择器.one 都定义了"网页设计与制作"的字号,而实际显示的效果是类选择器.one 定义的字号"16px"。这是因为类选择器的优先级高于标签选择器,在任务 17 中将会详细讲解。

2. 继承性

继承性是指在书写 CSS3 样式表时,子元素会继承父元素的某些样式,如字体颜色和字号等。继承性可以使网页开发人员不必在元素的每个后代上都添加相同的样式。例如,下面的代码:

```
p,h2,h3,div,ul,li{color:blue;}
```

就可以写成:

```
body{color:blue;}
```

在该任务中,body{color:#F06;}就一次性设置了网页的字体颜色,这种写法使代码更加简洁。

但并不是所有的 CSS3 属性都具有继承性,如边框属性、外边距属性、内边距属性、背景属性、定位属性、布局属性、元素宽高属性就不具有继承性。

注意:当为 body 元素设置字号样式时,标题元素 h1~h6 不会采用这个样式,但不代表它没有继承字号样式,而是因为标题元素 h1~h6 有默认的字号样式,这时默认的字号样式会覆盖继承的字号样式。

任务 17 CSS3 优先级的应用

任务描述

对网页中的内容同时应用标签选择器、类选择器、ID 选择器,并分别对这 3 种选择器进行样式定义，要求体现出 CSS3 优先级的用法，效果如图 3-17 所示。

图 3-17　任务 17 效果

任务实现

3-17.html

```html
<!doctype html>
<html>
<head>
<meta charset="utf-8">
<title>CSS3优先级的应用</title>
<style type="text/css">
div .two{color:red;}
#one .two{color:blue;}
div #one {color:black}
</style>
</head>
<body>
<div id="one">
        <p class="two">我的颜色</p>
</div>
</body>
</html>
```

知识点拨

在定义 CSS3 样式时，经常会出现将多个规则应用在同一元素上的情况，这时就会出现优先级的问题。CSS3 为每种基础选择器分配了一个权重，其中，常用的标签选择器的权重为 1，类选择器的权重为 10，ID 选择器的权重为 100，ID 选择器的优先级最高。

在该任务中，div .two 的权重为 1+10，#one .two 的权重为 100+10，div #one 的权重为 1+100，#one.two 的权重最高，所以最终网页文本应用了其定义的样式，即文本颜色为蓝色。

此外，在考虑权重时，还需要注意以下几种特殊情况。

- 继承样式的权重为 0，即子元素定义的样式会覆盖继承的样式。
- 行内样式优先于选择器样式，行内样式的权重远大于 100，它比上面提到的选择器的优先级都高。
- 当权重相同时，CSS3 遵循就近原则。
- CSS3 中的"!important"命令被赋予了最高的优先级。

项目实战　制作"反诈小课堂"页面

项目分析

1. 结构分析

根据项目效果进行结构分析，即网页由哪些部分构成。根据本项目效果可以看出，网页由一个主标题、一个副标题、一条水平线、一张图片、4 个小标题和 4 个段落构成，分别利用这些部分对应的标签搭建网页结构，并进行内容补充即可。

2. 样式分析

通过项目效果可以看出，网页设计主要涉及字体颜色、行内特殊字体样式的设置，以及图片布局，重点是如何定义不同选择器的样式，代码要简洁、直观，尽量不要冗余。

项目实施

根据项目分析，完成网页内容的编写与样式的定义，参考代码如下。

index.html

```html
<!doctype html>
<html>
<head>
<meta charset="utf-8">
<title>反诈小课堂</title>
<style type="text/css">
h1{
    text-align:center;
```

```
    color:#F00;
    letter-spacing:15px;
    font-family:"华文行楷";
    font-size:50px;
    }
h4{
    text-align:center;
    font-family:"楷体";
    }
span{
    color:#F00;}
p{
    text-indent:2em;
    line-height:28px;}
    h3.one{color:#00F;}
    h3.two{color:#0FC;}
    h3.three{color:#F36;}
    h3.four{color:#FC0;}
</style>
</head>

<body>
<h1>反诈小课堂</h1>
<h4>——常见电信<span>诈骗手段</span>要牢记</h4>
<hr/>
<img src="images/police.jpg" alt="预防诈骗" align="left" width="700"/>
<h3 class="one">警惕冒充公检法诈骗</h3>
<p>常用诈骗手法：诈骗分子来电话时，自称公安机关，能准确报出您的个人信息，以涉嫌犯罪为借口让您联系办案警察，然后假的办案警察会以电话笔录、电子通缉令等各种手段增加可信度。最终会以各种借口让您转账到所谓的"安全账户"，完成诈骗。</p>
<h3 class="two">警惕网购退款诈骗</h3>
<p>常用诈骗手法：诈骗分子来电话时，自称某购物平台卖家，以货物有问题为名给您退款，并准确说出您在某购物平台购买货物的信息，增加可信度。随后，诈骗分子会通过聊天软件或短信发来退款链接，但里面的链接其实是虚假退款网站，会诱使您输入银行账号和密码，最后套取您的验证码，完成诈骗。</p>
<h3 class="three">警惕钓鱼网站诈骗</h3>
<p>常用诈骗手法：诈骗分子发来短信的号码类似官方号码，内容看似正规，但里面的网址是钓鱼网站，如果您进入钓鱼网站，会被诱导输入银行账号、密码等信息。诈骗分子利用您的信息，盗取账户资金，完成诈骗。</p>
<h3 class="four">警惕冒充亲友诈骗</h3>
<p>常用诈骗手法：诈骗分子通过盗号或伪装亲人头像和昵称等手段，在骗取您的信任后，以"患重病"为由骗取钱财。</p>
```

```
</body>
</html>
```

知识点拨

<span>标签是 HTML5 的行内标签,用于组合文档中的行内元素。其常用于对行内部分文本内容单独定义样式。

项目小结

本项目学习了 CSS3 的样式规则及引入方式,并学习了 CSS3 几种选择器的用法,了解了常用的 CSS3 文本样式属性及不同属性值的意义和用法,也熟悉了 CSS3 的层叠性和优先级等。最后综合利用所学的知识完成了一个"反诈小课堂"页面的制作,不仅提升了网页制作技能,还为读者展示了常见电信诈骗手段,以帮助其增强防范意识。

拓展任务

拓展任务 1:按图 3-18 所示的效果完成网页制作。

图 3-18 拓展任务 1 效果

拓展任务 2:按图 3-19 所示的效果完成网页制作。

图 3-19 拓展任务 2 效果

拓展任务 3：按图 3-20 所示的效果完成网页制作。

图 3-20　拓展任务 3 效果

知识小结

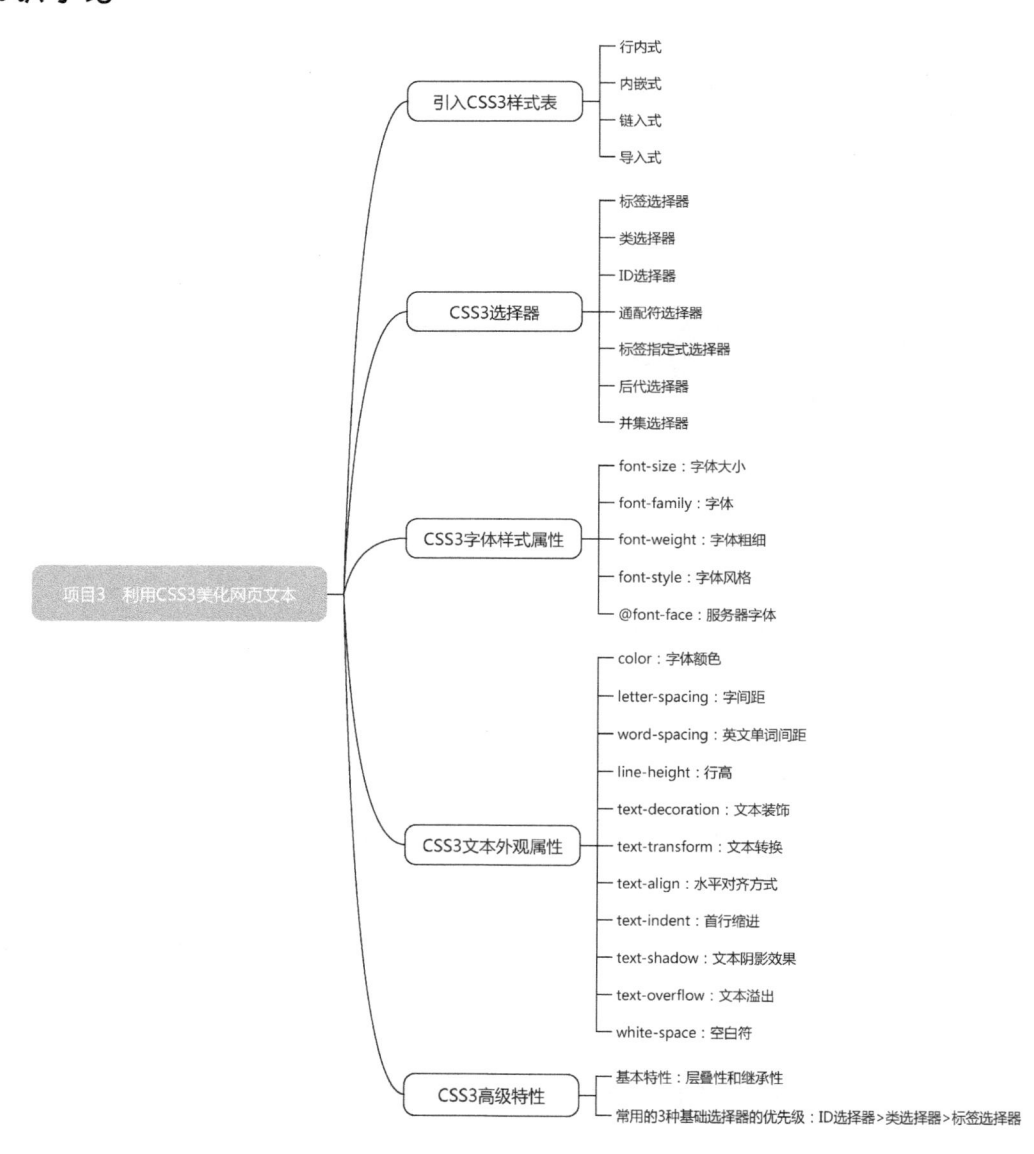

项目3　利用CSS3美化网页文本
- 引入CSS3样式表
  - 行内式
  - 内嵌式
  - 链入式
  - 导入式
- CSS3选择器
  - 标签选择器
  - 类选择器
  - ID选择器
  - 通配符选择器
  - 标签指定式选择器
  - 后代选择器
  - 并集选择器
- CSS3字体样式属性
  - font-size：字体大小
  - font-family：字体
  - font-weight：字体粗细
  - font-style：字体风格
  - @font-face：服务器字体
- CSS3文本外观属性
  - color：字体颜色
  - letter-spacing：字间距
  - word-spacing：英文单词间距
  - line-height：行高
  - text-decoration：文本装饰
  - text-transform：文本转换
  - text-align：水平对齐方式
  - text-indent：首行缩进
  - text-shadow：文本阴影效果
  - text-overflow：文本溢出
  - white-space：空白符
- CSS3高级特性
  - 基本特性：层叠性和继承性
  - 常用的3种基础选择器的优先级：ID选择器＞类选择器＞标签选择器

课后习题

一、选择题

1. CSS3 可以被称为（　　）的升级版本。
   A. HTML 标签　　　　　　　　　　B. 串联样式表
   C. C 语言　　　　　　　　　　　　D. SQL 语言

2. CSS3 是通过（　　）进行解析执行的。
   A. 浏览器　　　　　　　　　　　　B. IIS 服务器
   C. Apache 服务器　　　　　　　　D. Tomcat 服务器

3. CSS3 文本样式 text-align:center 表示（　　）。
   A. 水平左对齐　　　　　　　　　　B. 水平居中对齐
   C. 水平右对齐　　　　　　　　　　D. 水平两端对齐

4. 在 CSS3 中定义字体大小时，下列代码格式书写正确的是（　　）。
   A. p { font-size:12px;}　　　　　　B. p { font-size:12 px;}
   C. p { font-size: "12px";}　　　　　D. p { font-size:"12em";}

5. CSS3 文本样式 text-decoration:none;表示（　　）。
   A. 没有下画线　　　　　　　　　　B. 没有颜色
   C. 没有空格　　　　　　　　　　　D. 没有缩进

6. 在 CSS3 中定义字体粗细时，下列代码格式书写错误的是（　　）。
   A. p{ font-weight:bold; }　　　　　B. p{ font-weight: bolder; }
   C. p{ font-weight: "bolder"; }　　　D. p{ font-weight:500; }

7. 设置 CSS3 字体大小为 14px 的语句是（　　）。
   A. font-size:14in　　　　　　　　　B. font-size:14cm
   C. font-size:14px　　　　　　　　　D. font-size:14pt

8. 设置 CSS3 字体样式为黑体的语句是（　　）。
   A. font-family:"黑体"　　　　　　　B. font-variant:"黑体"
   C. font-size:"黑体"　　　　　　　　D. font-style:"黑体"

9. 下列关于定义字体颜色的语句正确的是（　　）。
   A. h2{color: red;}　　　　　　　　B. h2{ color: "red";}
   C. h2{color: "#F60";}　　　　　　　D. h2{ color: "#FF6600";}

10. 设置 CSS3 字体样式正常粗细的语句是（　　）。

A. font-family:"正常"　　　　　　　　B. font-weight:"正常"

C. font-family:normal　　　　　　　　D. font-weight:normal

二、填空题

1. 设置 CSS3 字体样式加粗的语句是_____。

2. CSS3 样式的文本溢出属性是_____。

3. 在 CSS3 中，用于设置文本下画线的属性是_____。

4. CSS3 样式的 line-height 属性表示_____。

5. 在 CSS3 中，用于定义字体风格的属性是_____。

6. 在 CSS3 中，用于设置英文单词间距的属性是_____。

7. 设置文本靠右对齐的声明是_____。

8. 要实现单行文本在容器中垂直居中对齐，可以设置_____等于容器高度。

9. 在 CSS3 中，用于设置首行文本缩进的属性是_____。

10. 为页面中的文本添加阴影效果的属性是_____。

项目 4

利用 CSS3 新增的选择器制作网页

● **项目描述**

项目 3 已经提到，CSS3 有 3 个常用的基础选择器，即类选择器、ID 选择器和标签选择器。另外，CSS3 又新增了一些选择器，这些新增选择器可以减少结构代码中 ID 属性和 class 属性的定义，从而减少代码冗余，使开发更便捷。本项目主要利用 CSS3 新增的选择器，以及前面所学的知识和技能，制作一个"安全教育"网页。

● **项目效果**

● **知识目标**

1. 理解属性选择器的用法和意义。

2. 理解关系选择器中的子代选择器和兄弟选择器的用法和意义。
3. 掌握结构化伪类选择器的用法和意义。
4. 掌握链接伪类选择器的用法和意义。

技能目标

1. 能利用属性选择器为页面中的元素添加样式。
2. 能准确判断关系选择器中元素与元素之间的关系，并按需为不同元素设置样式。
3. 能利用结构化伪类选择器为相同名称的元素定义不同的样式。
4. 能利用链接伪类选择器为页面超链接定义样式。

素质目标

1. 在网页内容中融入思想政治内容，注重加强对学生的世界观、人生观和价值观的教育。
2. 在学习网页制作的过程中，培养学生探索、创新、实践、协作的职业素养。
3. 通过学习编程，培养学生的信息素养和逻辑思维能力。

任务 1 属性选择器的应用

任务描述

使用属性选择器的 3 种语法格式分别定义网页中的不同文本内容，要求体现出这 3 种语法格式的不同之处，效果如图 4-1～图 4-3 所示。

图 4-1 E[attr^=value]属性选择器效果

图 4-2　E[attr*=value]属性选择器效果

图 4-3　E[attr$=value]属性选择器效果

任务实现

4-1-1.html（图 4-1 所示效果）

```
<!doctype html>
<html>
<head>
<meta charset="utf-8">
<title>属性选择器的应用</title>
<style type="text/css">
p[id^=one]{
    color:#C06;
    font-family: "微软雅黑";
    font-size: 20px;
}
</style>
```

```
</head>
<body>
<h2>计算机编程语言</h2>
<p id="one">C 语言</p>
<p id="two">Python 语言</p>
<p id="one1">Java 语言</p>
<p id="two1">C++语言</p>
</body>
</html>
```

4-1-2.html（图 4-2 所示效果）

```
<!doctype html>
<html>
<head>
<meta charset="utf-8">
<title>属性选择器的应用</title>
<style type="text/css">
p[id*=demo]{
    color:#C06;
    font-family: "微软雅黑";
    font-size: 20px;
}
</style>
</head>
<body>
<h2>计算机编程语言</h2>
<p id="demo">C 语言</p>
<p id="one">Python 语言</p>
<p id="newdemo">Java 语言</p>
<p id="olddemo">C++语言</p>
</body>
</html>
```

4-1-3.html（图 4-3 所示效果）

```
<!doctype html>
<html>
<head>
<meta charset="utf-8">
<title>属性选择器的应用</title>
<style type="text/css">
p[id$=demo]{
```

```
            color:#C06;
            font-family: "微软雅黑";
            font-size: 20px;
        }
    </style>
</head>
<body>
<h2>计算机编程语言</h2>
<p id="one1">C 语言</p>
<p id="one2">Python 语言</p>
<p id="onedemo">Java 语言</p>
<p id="newdemo">C++语言</p>
</body>
</html>
```

知识点拨

CSS3 属性选择器的语法格式如表 4-1 所示（E 表示标签，且该标签定义了 attribute 属性，在该表中简写为 attr，val 是 value 的简写）。

表 4-1　CSS3 属性选择器的语法格式

选择器	功能描述
E[attr^=val]	匹配 attr 属性值以指定值"val"开头的元素
E[attr*=val]	匹配 attr 属性值包含字符串"val"的元素
E[attr$=val]	匹配 attr 属性值以指定值"val"结尾的元素

在该任务的 4-1-1.html 中，p[id^=one]代表 id 属性值以"one"开头的所有 p 元素都会应用 p[id^=one]选择器定义的样式。在 4-1-2.html 中，p[id*=demo]代表 id 属性值中包含"demo"的所有 p 元素都会应用 p[id*=demo]选择器定义的样式。在 4-1-3.html 中，p[id$=demo]代表 id 属性值以"demo"结尾的所有 p 元素都会应用 p[id$=demo]选择器定义的样式。

任务 2　子代选择器的应用

任务描述

使用关系选择器中的子代选择器对网页中的文本内容进行样式设置，要求体现出子代选择器的用法，效果如图 4-4 所示。

图 4-4　任务 2 效果

任务实现

4-2.html

```
<!doctype html>
<html>
<head>
<meta charset="utf-8">
<title>子代选择器的应用</title>
<style type="text/css">
h2>strong{
    color:red;
    font-size:30px;
    font-family:"微软雅黑";
}
</style>
</head>
<body>
<h2><strong>天</strong>蓝蓝<strong>海</strong>蓝蓝</h2>
<h2>海岛<em><strong>人民</strong></em>欢迎您！</h2>
</body>
</html>
```

知识点拨

子代选择器是关系选择器的一种，由符号">"连接，主要用来选择某个元素的第一级子元素。在该任务中，h2>strong 代表这个选择器的样式只应用于 h2 元素的第一级子元素 strong 的内容，最终第一个 h2 元素里面的"天""海"两个文字应用了该选择器的样式，而第二个 h2 元素里面的 strong 因是第二级子元素，所以无法应用该样式。

任务 3 兄弟选择器的应用

任务描述

使用兄弟选择器中的邻近兄弟选择器和普通兄弟选择器对网页中的文本内容进行样式设置，要求体现出不同兄弟选择器的用法，效果如图 4-5 和图 4-6 所示。

图 4-5 邻近兄弟选择器效果

图 4-6 普通兄弟选择器效果

任务实现

4-3-1.html（图4-5所示效果）

```html
<!doctype html>
<html>
<head>
<meta charset="utf-8">
<title>兄弟选择器的应用</title>
<style type="text/css">
p+h2{
    color:#E3417E;
    font-family:"宋体";
    font-size:20px;
}
</style>
</head>
<body>
<h2>招生</h2>
<p>艺术设计系</p>
<h2>信息技术系</h2>
<h2>现代服务系</h2>
<h2>财经商贸系</h2>
</body>
</html>
```

4-3-2.html（图4-6所示效果）

```html
<!doctype html>
<html>
<head>
<meta charset="utf-8">
<title>兄弟选择器的应用</title>
<style type="text/css">
p~h2{
    color:#E3417E;
    font-family:"宋体";
    font-size:20px;
}
</style>
</head>
<body>
```

```
<h2>招生</h2>
<p>艺术设计系</p>
<h2>信息技术系</h2>
<h2>现代服务系</h2>
<h2>财经商贸系</h2>
</body>
</html>
```

知识点拨

兄弟选择器是关系选择器的一种，主要分为邻近兄弟选择器和普通兄弟选择器。

邻近兄弟选择器可选择紧跟在另一元素后的元素，且二者有相同的父元素。该选择器用"+"连接前后两个选择器。例如，在该任务的 4-3-1.html 中，选择器"p+h2"定义的样式只应用于紧跟在 p 元素后的 h2 元素。

普通兄弟选择器用"~"连接前后两个选择器，且二者有相同的父元素，但第二个元素不必紧跟在第三个元素之后。例如，在该任务的 4-3-2.html 中，p 元素后面所有的 h2 元素都应用了"p~h2"选择器定义的样式。

任务 4 :root 选择器的应用

任务描述

使用:root 选择器对网页的样式进行统一设置，效果如图 4-7 所示。

图 4-7 任务 4 效果

任务实现

4-4.html

```
<!doctype html>
<html>
<head>
<meta charset="utf-8">
<title>:root 选择器的应用</title>
<style type="text/css">
:root{
    color:red;
    line-height:30px;
    font-size:18px;}
h2{color:blue;}
</style>
</head>
<body>
<h2>《春望》——杜甫   </h2>
<p>国破山河在，城春草木深。<br/>
感时花溅泪，恨别鸟惊心。<br/>
烽火连三月，家书抵万金。<br/>
白头搔更短，浑欲不胜簪。</p>
</body>
</html>
```

知识点拨

:root 选择器是结构化伪类选择器的一种。结构化伪类选择器允许开发者根据文档结构来指定元素的样式。:root 选择器用于匹配文档的根标签，它定义的样式对页面中的所有标签都有效。在该任务中，:root 选择器定义的样式应用于整个网页，但因为<h2>标签又单独定义了字体颜色，所以 h2 标题的颜色覆盖了:root 选择器定义的红色，变成了蓝色。

任务 5 :not 选择器的应用

任务描述

使用:not 选择器定义网页中部分内容的样式，效果如图 4-8 所示。

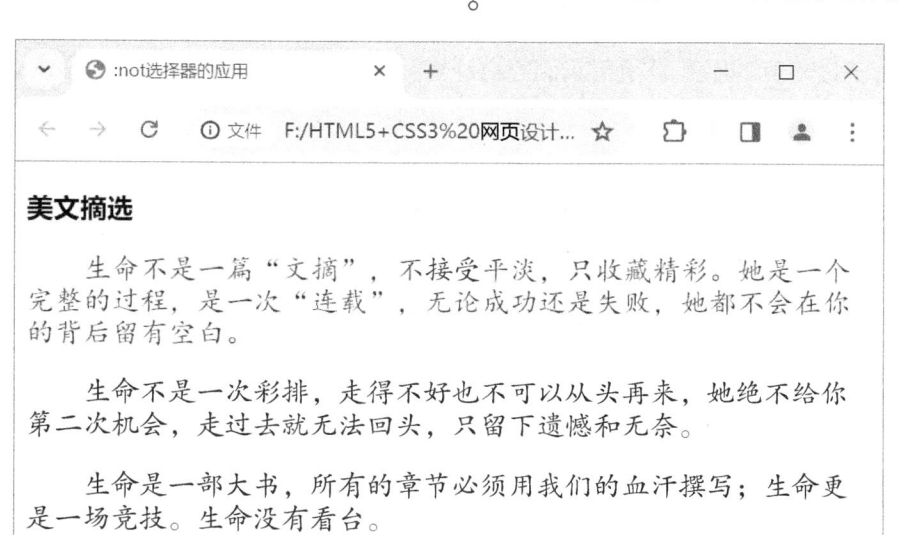

图 4-8 任务 5 效果

任务实现

4-5.html

```
<!doctype html>
<html>
<head>
<meta charset="utf-8">
<title>:not 选择器的应用</title>
<style type="text/css">
body :not(h3){
    color:blue;
    font-size: 20px;
    font-family:"楷体";
    text-indent:2em;
};
</style>
</head>
<body>
<h3>美文摘选</h3>
<p>生命不是一篇"文摘",不接受平淡,只收藏精彩。她是一个完整的过程,是一次"连载",无论成功还是失败,她都不会在你的背后留有空白。</p>
<p>生命不是一次彩排,走得不好也不可以从头再来,她绝不给你第二次机会,走过去就无法回头,只留下遗憾和无奈。</p>
```

```
<p>生命是一部大书,所有的章节必须用我们的血汗撰写;生命更是一场竞技。生命没有看台。</p>
<p>生命只属于我们一次,我们应该把她打扮得更加光彩。</p>
</body>
</html>
```

知识点拨

:not 选择器是结构化伪类选择器的一种,一般与其他选择器一起使用,以选取指定组合中除指定元素以外的所有元素。在该任务中,body :not(h3)选择器代表页面中除 h3 以外的所有元素都应用这个选择器定义的样式。

任务 6 :only-child 选择器的应用

任务描述

使用:only-child 选择器定义网页中部分内容的样式,效果如图 4-9 所示。

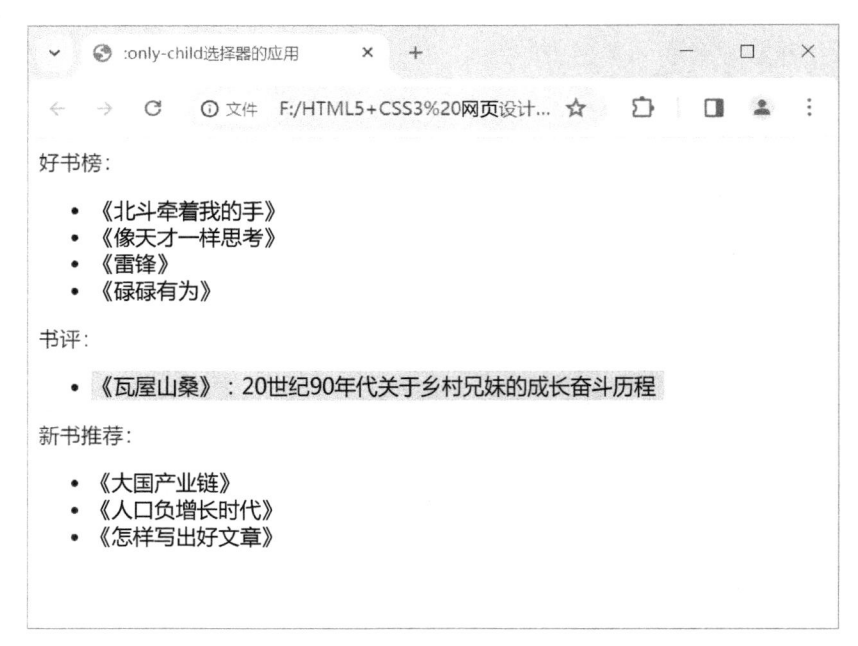

图 4-9 任务 6 效果

任务实现

4-6.html

```
<!doctype html>
```

```html
<html>
<head>
<meta charset="utf-8">
<title>:only-child 选择器的应用</title>
<style type="text/css">
li:only-child{
    width:350px;
    background-color:#FCC;
}
</style>
</head>
<body>
    <div>
        好书榜:
        <ul>
            <li>《北斗牵着我的手》</li>
            <li>《像天才一样思考》</li>
            <li>《雷锋》</li>
            <li>《碌碌有为》</li>
        </ul>
        书评:
        <ul>
            <li>《瓦屋山桑》:20世纪90年代关于乡村兄妹的成长奋斗历程</li>
        </ul>
        新书推荐:
        <ul>
            <li>《大国产业链》</li>
            <li>《人口负增长时代》</li>
            <li>《怎样写出好文章》</li>
        </ul>
    </div>
</body>
</html>
```

知识点拨

:only-child 选择器是结构化伪类选择器的一种,用于匹配属于其父元素的唯一子元素。在该任务中,li:only-child 选择器代表该选择器样式应用于只有一个列表项的内容。

任务 7 :first-child 和 :last-child 选择器的应用

任务描述

使用 :first-child 和 :last-child 选择器定义网页中不同内容的样式，效果如图 4-10 所示。

图 4-10 任务 7 效果

任务实现

4-7.html

```
<!doctype html>
<html>
<head>
<meta charset="utf-8">
<title>:first-child 和:last-child 选择器的应用</title>
<style type="text/css">
p:first-child{
color:#0CC;
font-size:18px;
font-family:"楷体";
}
p:last-child{
color:#C06;
font-size: 18px;
```

```
font-family: "微软雅黑";
}
</style>
</head>
<body>
<p>1.与梦同行</p>
<p>2.视听中国</p>
<p>3.重磅策划</p>
<p>4.榜样力量</p>
<p>5.寄语中国梦</p>
</body>
</html>
```

知识点拨

:first-child 和:last-child 选择器都是结构化伪类选择器,分别用于选择父元素中的第一个子元素和最后一个子元素。在该任务中,分别为父元素为 body 的第一个 p 元素和最后一个 p 元素定义了相关字体样式。

任务 8 :nth-child(n)和:nth-last-child(n)选择器的应用

任务描述

使用:nth-child(n)和:nth-last-child(n)选择器定义网页中不同内容的样式,效果如图 4-11 所示。

图 4-11 任务 8 效果

任务实现

4-8.html

```html
<!doctype html>
<html>
<head>
<meta charset="utf-8">
<title>:nth-child(n)和:nth-last-child(n)选择器的应用</title>
<style type="text/css">
p:nth-child(2){
color:#0CC;
font-size:18px;
font-family:"楷体";
}
p:nth-last-child(2){
color:#C06;
font-size: 18px;
font-family: "微软雅黑";
}
</style>
</head>
<body>
<p>1.与梦同行</p>
<p>2.视听中国</p>
<p>3.重磅策划</p>
<p>4.榜样力量</p>
<p>5.寄语中国梦</p>
</body>
</html>
```

知识点拨

　　:nth-child(n)和:nth-last-child(n)选择器都是结构化伪类选择器，分别用于选择某个父元素中的第几个元素和倒数第几个元素。它们是:first-child 和:last-child 选择器的扩展。在该任务中，分别为父元素为 body 的第 2 个 p 元素和倒数第 2 个 p 元素定义了相关字体样式。

任务 9 :nth-of-type(n)和:nth-last-of-type(n)选择器的应用

任务描述

使用:nth-of-type(n)和:nth-last-of-type(n)选择器定义网页中不同内容的样式，效果如图 4-12 所示。

图 4-12 任务 9 效果

任务实现

4-9.html

```
<!doctype html>
<html>
<head>
```

```html
<meta charset="utf-8">
<title>:nth-of-type(n)和:nth-last-of-type(n)选择器的应用</title>
<style type="text/css">
p:nth-of-type(odd){color:#F06;}
p:nth-of-type(even){color:#09C;}
h2:nth-last-of-type(2){font-style:italic;
                       color:red;}
</style>
</head>
<body>
<h2>青年之声</h2>
<p>八段锦成校园"顶流"  中国年轻人爱上养生</p>
<p>让阅读抵达更广阔的人群——多地打造提升城市公共阅读空间观察</p>
<h2>体育</h2>
<p>国乒提前锁定WTT（世界乒乓球职业大联盟）冠军赛澳门站冠军</p>
<p>2023年男篮世界杯分档公布：中国男篮成为第六档球队</p>
<h2>教育</h2>
<p>"青少年模式"怎样有效防沉迷？</p>
<p>近20位院士共同把脉煤炭绿色低碳发展</p>
<h2>文化</h2>
<p>书承文脉，香满家国</p>
<p>保护里弄里的"博物馆"</p>
</body>
</html>
```

知识点拨

1．:nth-of-type(n)和:nth-last-of-type(n)选择器

:nth-of-type(n)和:nth-last-of-type(n)选择器都是结构化伪类选择器，分别用于匹配属于父元素的特定类型的第 n 个子元素和倒数第 n 个子元素。在该任务中，"p:nth-of-type(odd){color:#F06;}"用于为所有p元素的奇数段落设置字体颜色；"p:nth-of-type(even){color:#09C;}"用于为所有p元素的偶数段落设置字体颜色；"h2:nth-last-of-type(2){font-style:italic;color:red;}"用于为倒数第 2 个 h2 元素内容设置样式。

2．知识补充：:empty 选择器

:empty 选择器是结构化伪类选择器的一种。它用于选择没有子元素或文本内容为空的所有元素，这里就不做案例介绍了。

任务 10　:before 选择器的应用

任务描述

使用:before 选择器定义网页中部分内容的样式，效果如图 4-13 所示。

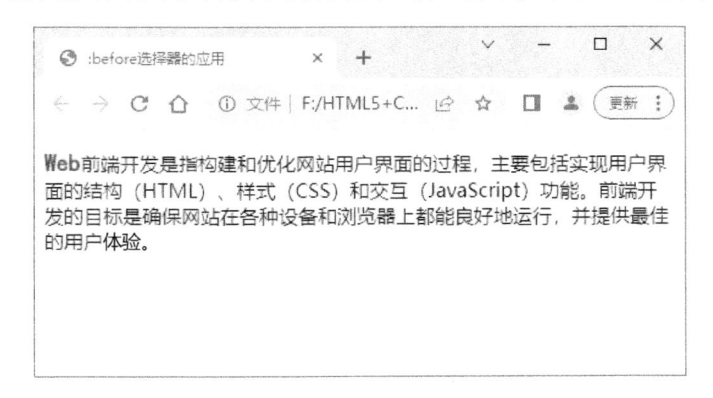

图 4-13　任务 10 效果

任务实现

4-10.html

```
<!doctype html>
<html>
<head>
<meta charset="utf-8">
<title>:before 选择器的应用</title>
<style type="text/css">
p:before{
    content:"Web";
    color:#c06;
    font-size: 20px;
    font-family:"黑体";
    font-weight: bold;
}
</style>
</head>
<body>
<p>前端开发是指构建和优化网站用户界面的过程，主要包括实现用户界面的结构（HTML）、样式（CSS）和交互（JavaScript）功能。前端开发的目标是确保网站在各种设备和浏览器上都能良好地运行，并提供最佳的用户体验。</p>
```

```
</body>
</html>
```

知识点拨

:before 属于伪元素选择器，用于在被选元素的内容前面插入内容，必须配合 content 属性来指定要插入的具体内容，其创建的元素属于行内元素。因为:before 选择器新创建的元素在 HTML 文档中是找不到的，所以其被称为伪元素。:before 选择器的基本语法格式如下。

```
<元素>:before{
    content: 文本/url();
}
```

该任务在原来段落文本的前面添加了"Web"内容，p:before 选择器定义的样式也只应用于该内容。

任务 11 :after 选择器的应用

任务描述

使用:after 选择器定义网页中部分内容的样式，效果如图 4-14 所示。

图 4-14 任务 11 效果

任务实现

4-11.html

```
<!doctype html>
```

```
<html>
<head>
<meta charset="utf-8">
<title>:after 选择器的应用</title>
<style type="text/css">
p:after{content:url("images/flower.jpeg");}
</style>
</head>
<body>
<p>梅花花语：坚强、傲骨、高雅</p>
</body>
</html>
```

知识点拨

:after 属于伪元素选择器，用于向选定元素的后面插入内容，需使用 content 属性来指定要插入的内容，该属性插入的元素属于行内元素。:after 选择器的基本语法格式和:before 选择器的类似。该任务在原来段落文本的后面插入了一张图片 flower.jpeg。

任务 12 链接伪类选择器的应用

任务描述

使用链接伪类选择器定义网页中超链接的样式，未访问超链接时的效果如图 4-15 所示，鼠标指针悬停时的效果如图 4-16 所示。

图 4-15 未访问超链接时的效果

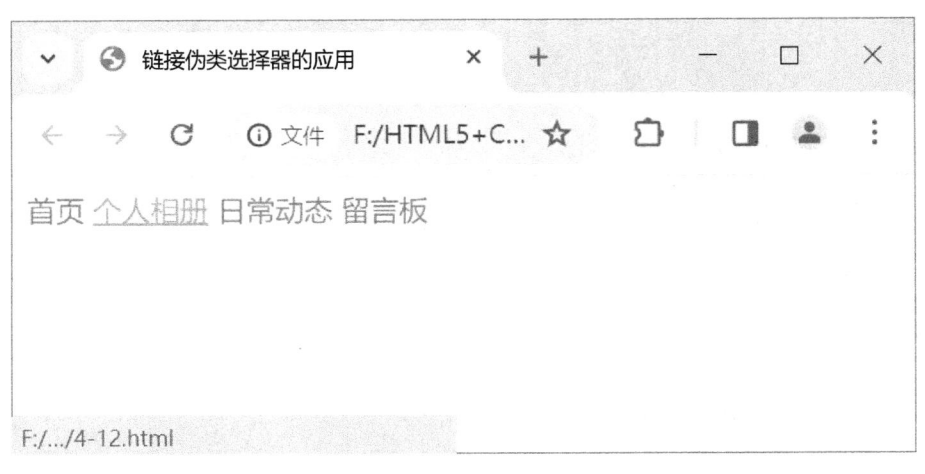

图 4-16　鼠标指针悬停时的效果

任务实现

4-12.html

```
<!doctype html>
<html>
<head>
<meta charset="utf-8">
<title>链接伪类选择器的应用</title>
<style type="text/css">
a:link,a:visited{                        /*未被访问和被访问后的超链接*/
    color:#2968F4;
    text-decoration:none;                /*清除超链接默认的下画线*/
}
a:hover{                                 /*鼠标指针悬停*/
    color:#EF9017;
    text-decoration:underline;           /*鼠标指针悬停时出现下画线*/
}
a:active{ color:#E00670;}                /*鼠标点击与释放之间（元素被用户激活时）*/
</style>
</head>
<body>
<a href="#">首页</a>
<a href="#">个人相册</a>
<a href="#">日常动态</a>
<a href="#">留言板</a>
```

```
</body>
</html>
```

知识点拨

1. :link 选择器

:link 选择器属于链接伪类选择器，主要用于设置 a 元素未被访问时的超链接样式，用法为 a:link{}。对于无 href 属性（特性）的 a 元素，此选择器不发生作用。

2. :visited 选择器

:visited 选择器属于链接伪类选择器，主要用于设置 a 元素被访问后的超链接样式，用法为 a:visited{}。同样地，对于无 href 属性（特性）的 a 元素，此选择器不发生作用。

3. :hover 选择器

:hover 选择器属于链接伪类选择器，主要用于设置鼠标指针悬停时的效果。同样地，对于无 href 属性（特性）的 a 元素，此选择器不发生作用。

4. :active 选择器

:active 选择器主要用于设置 a 元素被用户激活（在鼠标点击与释放之间发生的事件）时的样式。同样地，对于无 href 属性（特性）的 a 元素，此选择器不发生作用。:active 选择器需要与上面几个选择器同时使用，但该选择器平时使用得很少，没有实际的意义。

项目实战 制作"安全教育"页面

项目分析

1. 结构分析

根据对本项目效果的分析，我们可以将页面分成标题（头部）、导航、内容三部分，其中，标题可以用<h1>标签实现，导航的文本和内容部分可以用段落标签<p>实现。

2. 样式分析

通过本项目效果可以看出，标题后面有一张图片，可以用本项目所学的:after 伪元素选择器设置，导航超链接效果可以用链接伪类选择器设置，导航字体大小及下面内容部分第一行和最后一行的字体效果可以用:nth-child(n)结构化伪类选择器设置。它们均属于同一个父元素body。

项目实施

1. 搭建网页结构

根据结构分析，使用 HTML5 标签搭建网页结构，参考代码如下。

index.html

```html
<!doctype html>
<html>
<head>
<meta charset="utf-8">
<title>安全教育</title>
</head>
<body>
    <h1>安全教育</h1>
    <p><a href="#">安全动态</a> <a href="#">通知公告</a> <a href="#">政策法规</a> <a href="#">专题课</a> <a href="#">安全教育实验区</a> <a href="#">活动专区</a></p>
    <p>1.2023年中小学生（幼儿）"预防溺水"专题教育活动</p>
    <p>2.远离危险水域，安全牢记心头</p>
    <p>3.江夏休假民警在重庆救下欲跳江花季少女</p>
    <p>4.武汉暴雨桥洞积水淹两车 消防员涉水营救三人</p>
    <p>5.预防溺水，我有话要说</p>
</body>
</html>
</html>
```

2. 定义网页 CSS3 样式

搭建完网页结构后，接下来为网页添加 CSS3 样式。将下面的 CSS3 代码嵌入 HTML5 页面中。

```css
<style type="text/css">
h1{color:#F00}
h1:after{
    content: url("images/an.jpeg");
}
a:link,a:visited{
```

```
        color:#1A7BEE;
        text-decoration: none;
    }
a:hover{
        color: #B00D10;
        text-decoration: underline;
    }
p:nth-child(3),p:last-child{font-weight: bold;}   /*父元素的第三个和最后一个子元素*/
p:nth-child(2){font-size: 18px;}
</style>
```

项目小结

本项目主要学习了 CSS3 新增选择器（属性选择器、关系选择器、结构化伪类选择器、伪元素选择器、链接伪类选择器）的用法。最后利用这些知识点综合完成了一个"安全教育"页面的制作。

本项目只介绍了比较常用的 CSS3 新增选择器的用法，关于其他 CSS3 新增的选择器，读者可以自行深入学习与研究。

拓展任务

利用所学的结构化伪类选择器的知识完成图 4-17 所示页面的制作。

图 4-17 拓展任务效果

知识小结

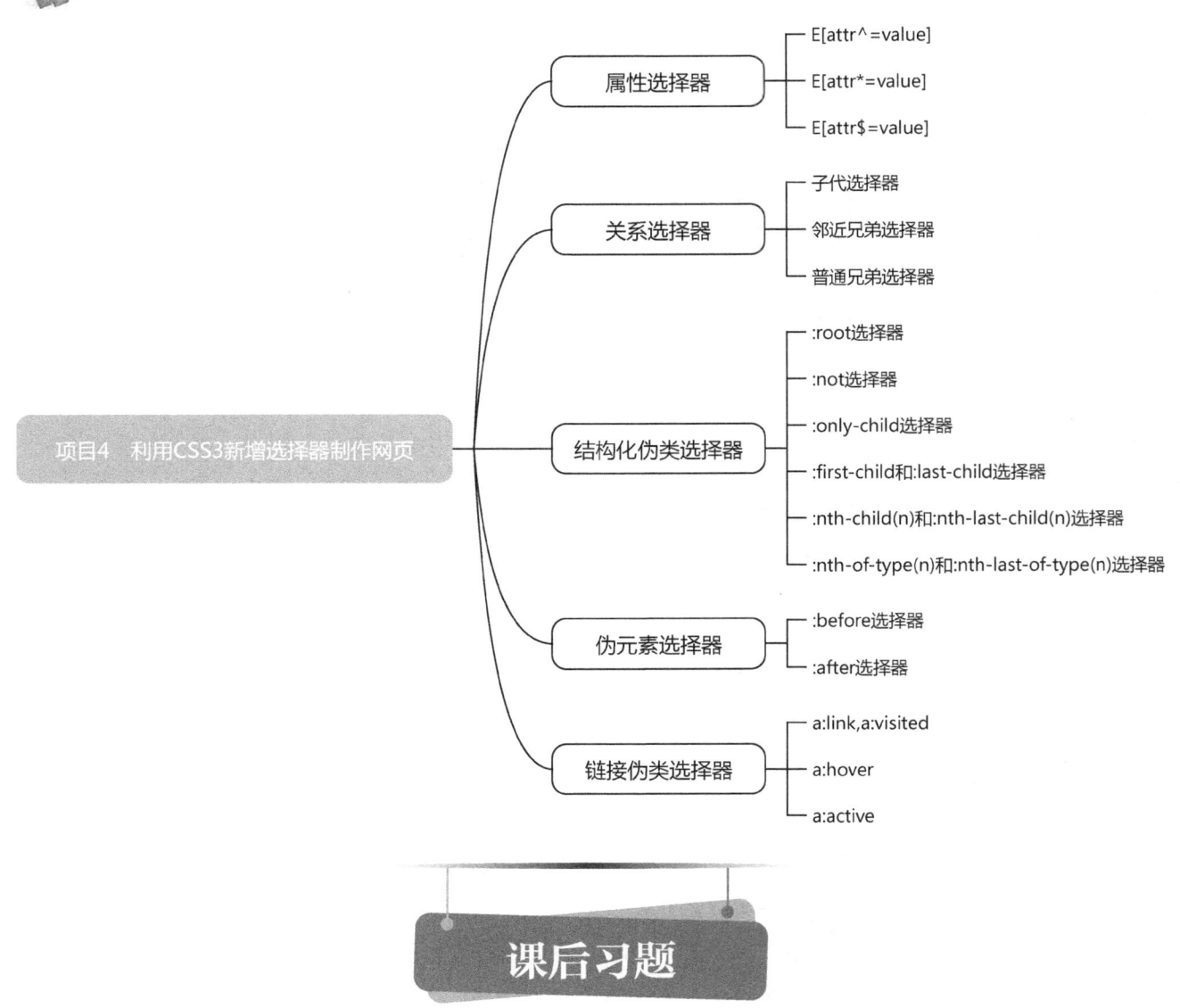

项目4 利用CSS3新增选择器制作网页

- 属性选择器
  - E[attr^=value]
  - E[attr*=value]
  - E[attr$=value]
- 关系选择器
  - 子代选择器
  - 邻近兄弟选择器
  - 普通兄弟选择器
- 结构化伪类选择器
  - :root选择器
  - :not选择器
  - :only-child选择器
  - :first-child和:last-child选择器
  - :nth-child(n)和:nth-last-child(n)选择器
  - :nth-of-type(n)和:nth-last-of-type(n)选择器
- 伪元素选择器
  - :before选择器
  - :after选择器
- 链接伪类选择器
  - a:link, a:visited
  - a:hover
  - a:active

课后习题

一、选择题

1. CSS3 样式表超链接状态表示未被访问过的是（　　）。
   - A. a:link
   - B. a:visited
   - C. a:hover
   - D. a:active

2. CSS3 样式表超链接状态表示已被访问过的是（　　）。
   - A. a:link
   - B. a:visited
   - C. a:hover
   - D. a:active

3. 下面（　　）选择器用于为父元素中的最后一个子元素设置样式。
   - A. :nth-last-child(2)
   - B. :only-child
   - C. :first-child
   - D. :last-child

4. 在下列选项中，属于结构化伪类选择器的是（　　）。

A. E[attr*=value]　　　　　　　　B. E[attr$=value]

C. E[attr^=value]　　　　　　　　D. :root

5. 在下列选项中，用于匹配文档根元素的选择器是（　　）。

A. :not　　　　　　　　　　　　　B. :only-child

C. :first-child　　　　　　　　　　D. :root

6. 在 CSS3 中，可以根据元素的属性及属性值来选择元素的选择器是（　　）。

A. 子代选择器　　　　　　　　　　B. 兄弟选择器

C. 属性选择器　　　　　　　　　　D. 伪类选择器

7. 在 CSS3 中，用于选择元素的第一级子元素的选择器是（　　）。

A. 子代选择器　　　　　　　　　　B. 兄弟选择器

C. 属性选择器　　　　　　　　　　D. 伪类选择器

8. 在下列选项中，用于选择没有子元素的元素的选择器是（　　）。

A. :not　　　　　　　　　　　　　B. :empty

C. :first-child　　　　　　　　　　D. :root

9. 在下列选项中，邻近兄弟选择器的连接符是（　　）。

A. -　　　　　B. +　　　　　C. >　　　　　D. ~

10. 在下列选项中，普通兄弟选择器的连接符是（　　）。

A. -　　　　　B. +　　　　　C. >　　　　　D. ~

二、填空题

1. ＿＿＿＿＿＿＿选择器用于匹配父元素中最后一个特定类型的子元素。

2. ＿＿＿＿＿＿＿选择器用于突出显示当前活动的目标元素。

3. 在 CSS3 中，常用的伪元素选择器有 :before 选择器和＿＿＿＿＿＿＿。

4. 在 CSS3 中，＿＿＿＿＿＿＿选择器用于选择没有子元素或文本内容为空的所有元素。

5. 在 CSS3 中，如果对某个结构元素应用样式，但是想排除这个结构元素下面的子结构元素，让它不使用这个样式，则可以使用＿＿＿＿＿＿＿选择器。

6. 在 CSS3 中，E[attr^=value]属性选择器是指选择名称为 E 的标签，且该标签定义了 attr 属性，attr 属性值包含＿＿＿＿＿＿＿为 value 的子字符串。

7. 在 CSS3 中，关系选择器包含＿＿＿＿＿＿＿选择器和兄弟选择器。

8. 在 CSS3 中，如果某个父元素仅有一个子元素，则使用＿＿＿＿＿＿＿选择器可以选择这个子元素。

项目 5

利用盒子模型布局网页

● **项目描述**

利用前面所学知识只能实现一些简单的图文混排效果，无法对网页内容进行整体布局。本项目主要利用盒子模型，从布局的角度出发对整个网页及各模块元素进行布局，并综合利用前面所学的 HTML5 和 CSS3 相关知识，制作一个"消防安全知识教育"页面。

● **项目效果**

项目 5　利用盒子模型布局网页

知识目标

1. 理解盒子模型相关属性的用法和用途。
2. 掌握背景属性的设置方法。
3. 理解元素的浮动和定位原理。
4. 理解渐变属性的原理。

技能目标

1. 能利用盒子模型相关属性对网页元素进行适当布局和美化。
2. 能为网页设置背景颜色和图像。
3. 能为元素设置浮动样式，并使用不同方法清除浮动。
4. 能为元素设置常见的定位模式。

素质目标

1. 在网页内容中融入思想政治内容，注重加强对学生的世界观、人生观和价值观的教育。
2. 在学习网页制作的过程中，培养学生探索、创新、实践、协作的职业素养。
3. 通过学习编程，培养学生的信息素养和逻辑思维能力。

任务 1　盒子模型基本属性的应用

任务描述

使用盒子模型常用的基本属性定义网页内容，效果如图 5-1 所示。

图 5-1　任务 1 效果

任务实现

5-1.html

```html
<!doctype html>
<html>
<head>
<meta charset="utf-8">
<title>盒子模型基本属性的应用</title>
<style type="text/css">
.box{
    width:400px;              /*盒子模型的宽度*/
    height:100px;             /*盒子模型的高度*/
    border:15px solid red;    /*盒子模型的边框*/
    padding:30px;             /*盒子模型的内边距*/
    margin:20px;              /*盒子模型的外边距*/
    font-size: 50px;
    text-align: center;
}
</style>
</head>
<body>
<p class="box">Web 前端开发</p>
</body>
</html>
```

知识点拨

1. 盒子模型

CSS3 盒子模型就是在网页设计中 CSS3 技术使用的一种思维模型。其常用的属性有 content（内容）、padding（内边距）、border（边框）、margin（外边距）、width（宽度）和 height（高度），如图 5-2 所示。

图 5-2 中的 left（左边）、right（右边）、top（顶部）、bottom（底部）常用来设置盒子模型相关属性不同方向的数值。

2. border（边框）属性

border 属性的语法格式如下。

```
border: border-width border-style border-color
```

图 5-2　CSS3 盒子模型常用的属性

在上面的语法格式中，border-width 用于设置边框宽度；border-style 用于设置边框样式；border-color 用于设置边框颜色。border-style 是 border 属性不可或缺的属性值，具体应用在任务 2 中进行详细讲解。

3. padding（内边距）和 margin（外边距）属性

padding（内边距）和 margin（外边距）属性一般用来调整父级与子级元素之间的位置关系，具体应用在任务 4 中进行详细讲解。

任务 2　border 属性的应用

任务描述

使用盒子模型的 border 属性对网页中的文本内容进行不同边框样式的设置，效果如图 5-3 所示。

图 5-3　任务 2 效果

任务实现

5-2.html

```html
<!doctype html>
<html>
<head>
<meta charset="utf-8">
<title>border 属性的应用</title>
<style type="text/css">
body{color: red;}
p{
    border-style:double;  /*4 条边框相同，都是双实线*/
    width: 200px;
    text-align: center;
}
.one{border-style:dotted solid;}           /*上下边框为点线，左右边框为单实线*/
.two{border-style:solid dotted dashed;}    /*上边框为实线，左右边框为点线，下边框为虚线*/
</style>
</head>
<body>
<h2>社会主义核心价值观</h2>
<p>富强 民主 文明 和谐</p>
<p class="one">自由 平等 公正 法治</p>
<p class="two">爱国 敬业 诚信 友善</p>
</body>
</html>
```

知识点拨

1. border-style 属性

border-style 属性用于设置元素所有边框的样式，或者单独为某个边框设置样式。border-style 属性值及其描述如表 5-1 所示。

表 5-1　border-style 属性值及其描述

属性值	描述
none	定义无边框
hidden	与 none 相同
dotted	定义点线。在大多数浏览器中呈现为实线
dashed	定义虚线。在大多数浏览器中呈现为实线
solid	定义实线
double	定义双实线。双实线的宽度等于 border-width 的值
groove	定义 3D 凹槽边框。其效果取决于 border-color 的值
ridge	定义 3D 垄状边框。其效果取决于 border-color 的值
inset	定义 3D inset 边框。其效果取决于 border-color 的值
outset	定义 3D outset 边框。其效果取决于 border-color 的值
inherit	规定从父元素继承边框样式

该任务中定义了几种常见的边框样式：solid 用于定义实线，double 用于定义双实线，dotted 用于定义点线，dashed 用于定义虚线。当 border-style 属性值为一个值时，代表同时设置 4 条边框；为两个值时，分别代表设置上下和左右边框；为三个值时，分别代表设置上边框、左右边框、下边框。其他关于盒子模型属性设置一个值、两个值、三个值的含义与 border-style 属性值类似。

2. 综合设置边框

border（边框）属性可以一次性设置盒子模型 4 条边框的宽度、样式和颜色，也可以单独设置某条边框的宽度、样式和颜色，如使用 border-top、border-right、border-bottom、border-left 属性。在设置 border 属性时，宽度、样式、颜色 3 个属性值不分先后顺序。

该任务在设置边框时没有设置颜色，所以边框的颜色就和文本一起应用了 body{color: red;}这个样式。

对图片也可以设置边框，其和对文本设置边框类似，这里不做详细介绍。

任务 3 border-radius 属性的应用

任务描述

使用盒子模型的 border-radius 属性对网页中的图片分别进行不同样式的设置，效果如图 5-4 和图 5-5 所示。

图 5-4 设置圆角边框半径为固定像素时的效果

图 5-5 设置圆角边框半径为 50%时的效果

任务实现

5-3-1.html（图 5-4 所示效果）

```
<!doctype html>
<html>
<head>
<meta charset="utf-8">
```

```
<title>border-radius 属性的应用</title>
<style type="text/css">
    img{
        width: 200px;
        border:6px solid #12732C;
        border-radius:100px/50px;   /*设置水平半径为100px,垂直半径为50px*/
    }
</style>
</head>
<body>
<img  src="images/flower.jpg"  alt="圆角边框" />
</body>
</html>
```

5-3-2.html（图 5-5 所示效果）

```
<!doctype html>
<html>
<head>
<meta charset="utf-8">
<title>border-radius 属性的应用</title>
<style type="text/css">
    img{
        width: 200px;
        border:6px solid #12732C;
        border-radius:50%;   /*设置圆角边框为椭圆形*/
    }
</style>
</head>
<body>
<img  src="images/flower.jpg"  alt="圆角边框" />
</body>
</html>
```

知识点拨

border-radius 属性用于为元素设置圆角边框，基本语法格式如下。

border-radius: 参数1/参数2;

在上面的语法格式中，参数 1 表示圆角边框的水平半径，参数 2 表示圆角边框的垂直半径，两个参数之间用"/"隔开（也可用空格隔开），常用的单位是 px，参数可以是一个具体的数值，也可以是一个百分数。

5-3-1.html 设置了水平半径为 100px，垂直半径为 50px 的圆角边框效果。5-3-2.html 设置了椭圆形边框，之所以是椭圆形边框，是因为该图片是长方形的，如果图片是正方形（图片宽度和高度一致）的，则 border-radius:50%;呈现的效果是圆形边框。

border-radius 属性可以接收 1~4 个值，规则如下。

四个值：border-radius: 15px 50px 30px 5px;（依次分别表示左上角、右上角、右下角、左下角）；

三个值：border-radius: 15px 50px 30px;（第一个值表示左上角，第二个值表示右上角和左下角，第三个值表示右下角）；

两个值：border-radius: 15px 50px;（第一个值表示左上角和右下角，第二个值表示右上角和左下角）；

一个值：border-radius: 15px;（该值表示四个角，即圆角边框的半径都是一样的）。

以上参数值用于举例。

任务 4　padding 和 margin 属性的应用

任务描述

使用盒子模型的 padding 和 margin 属性对网页中的内容进行位置布局，效果如图 5-6 所示。

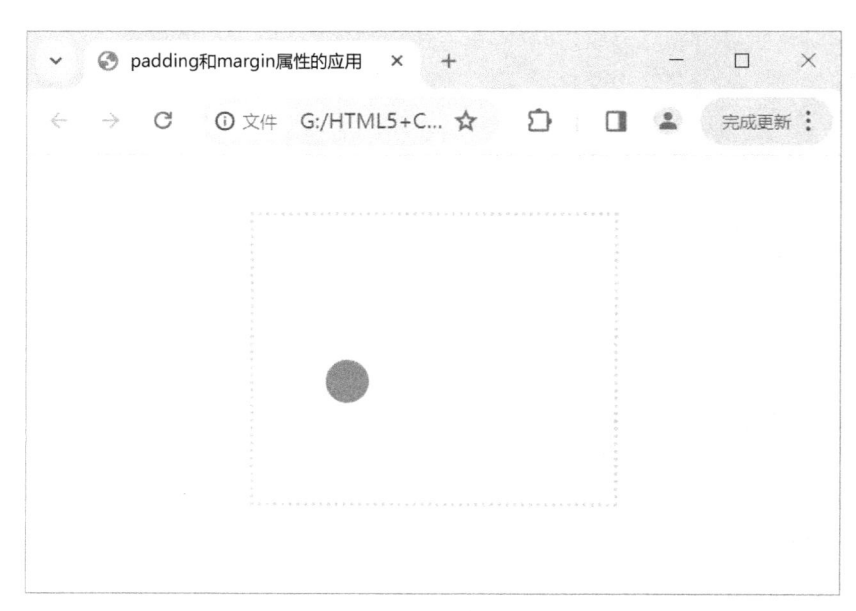

图 5-6　任务 4 效果

任务实现

5-4.html

```html
<!doctype html>
<html>
<head>
<meta charset="utf-8"/>
<title>padding 和 margin 属性的应用</title>
<style type="text/css">
#box1{
    width:200px;
    height:100px;
    border:dotted #30E7F0 3px;      /*设置边框 */
    margin: 40px auto;              /*设置上下外边距为40px，水平方向居中 */
    padding-top:100px;              /*设置顶部内边距 （小球距盒子顶部的距离）*/
    padding-left: 50px;             /*设置左边内边距 （小球距盒子左边的距离）*/
}
    #box2{
        width: 30px;
        height: 30px;
        border-radius: 50%;
        background-color: #EF4A4C;
    }
</style>
</head>
<body>
<div id="box1">
    <div id="box2"></div>
</div>
</body>
</html>
```

知识点拨

1. margin（外边距）属性

margin（外边距）属性用于定义元素周围的空间。其可以单独改变元素的上、下、左、右外边距，也可以一次性改变所有外边距。

在该任务的"margin: 40px auto;"中，40px 代表上下外边距，auto 代表左右（水平）外边距，当水平方向外边距为 auto 时，盒子在浏览器（页面）中呈现水平居中效果，所以一般盒子模型需要设置水平居中效果时，就可以将水平外边距值设为 auto，上下外边距可以根据盒子模型内容布局的需要进行设置，无具体要求时也可直接用"margin:0 auto;"设置盒子模型水平居中效果。

margin 属性值及其描述如表 5-2 所示。

表 5-2　margin 属性值及其描述

属性值	描述
auto	设置浏览器边距。 这样做盒子模型会依赖于浏览器
length	定义一个固定的外边距（单位为 px、pt、em 等）
%	定义一个使用百分比的外边距

2．padding（内边距）

padding（内边距）用于定义元素边框与元素内容之间的距离。当元素的内边距被清除时，所释放的区域将会被元素背景颜色填充。单独使用 padding 属性可以改变上下左右的填充。内外边距图解如图 5-7 所示。

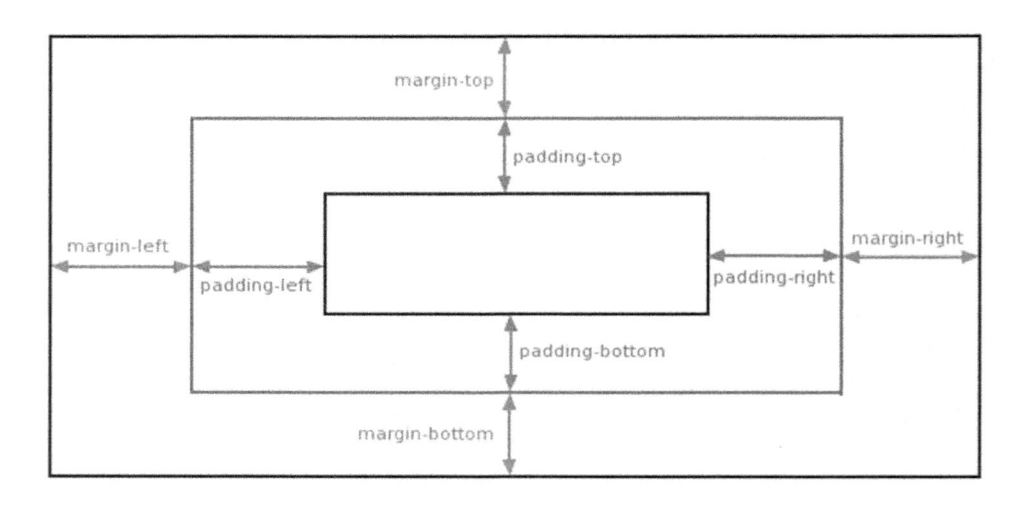

图 5-7　内外边距图解

另外，在后续任务中会经常看到以下代码，其主要用于在任务开始前清除浏览器的内外边距。

```
*{
  margin:0;
  padding:0;
}
```

3. <div>标签

div 是一个块元素，也是一个双标签。这意味着它定义的内容将自动开始一个新行。开发者通常把它当作盒子模型常用的标签，在里面布局图片、文本等网页模块的内容。可以使用多个<div>标签组合布局成一个综合网页。一个<div>标签可嵌套多个<div>标签，分别用 class 或 id 进行定义。

任务 5　box-sizing 属性的应用

任务描述

使用盒子模型的 box-sizing 属性对网页中的不同内容进行样式设置，要求体现出该属性不同属性值的对比效果，如图 5-8 所示。

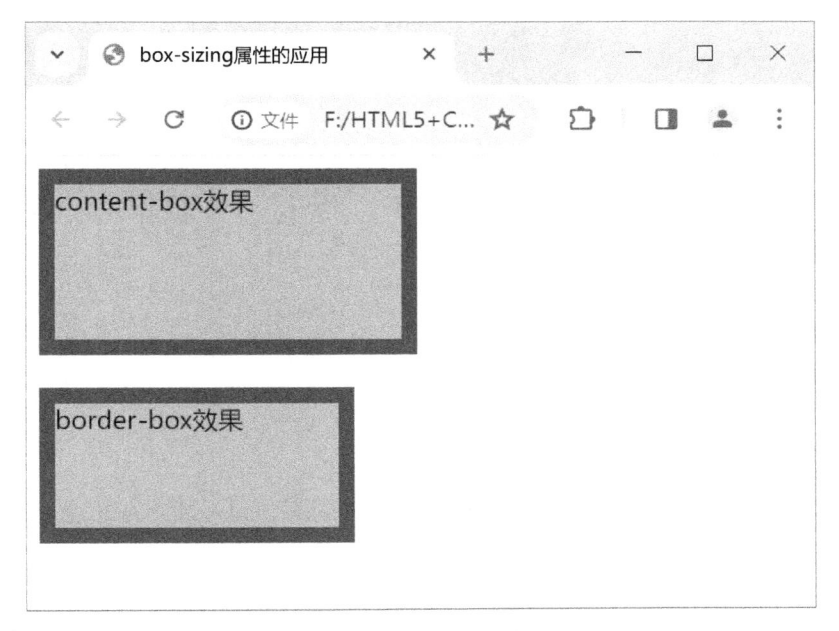

图 5-8　任务 5 效果

任务实现

5-5.html

```
<!doctype html>
<html>
<head>
<meta charset="utf-8">
```

```html
<title>box-sizing 属性的应用</title>
<style type="text/css">
.box1{
   width:200px;
   height:100px;
   padding-right:20px;
   background:#F99;   /* 设置背景颜色 */
   border:10px solid #F00;
   box-sizing:content-box;
   }
.box2{
   width:200px;
   height:100px;
   padding-right:20px;
   background:#F99;
   border:10px solid #F00;
   box-sizing:border-box;
   }
</style>
</head>
<body>
<div class="box1">content-box 效果</div><br />
<div class="box2">border-box 效果</div>
</body>
</html>
```

知识点拨

box-sizing 属性用于定义元素宽度和高度的计算方式，即它们是否包含内边距（padding）和边框（border）。

如果不指定 box-sizing 属性，在默认情况下，元素的宽度和高度是这样计算的：

- width + padding + border = 元素的实际宽度；
- height + padding + border = 元素的实际高度。

这意味着：当设置元素的宽度/高度时，该元素通常看起来比设置得更大（因为元素的边框和内边距已被添加到元素的指定宽度/高度中）。

box-sizing 属性解决了这个问题。其常用的属性值有以下两个。

- border-box：宽度和高度包括内边距和边框；
- content-box：宽度和高度不包括内边距和边框。

在 5-5.html 中，两个盒子模型的宽度都是 200px，高度都是 100px，box1 的 box-sizing 属性取值为 content-box，所以实际宽度会在原来 200px 的基础上加上 padding-right:20px;（右内边距 20px），以及两侧的边框宽度（各 10px），相当于 box1 的宽度=200+20+10+10=240（px），box1 的高度=100+10+10=120（px）。

而 box2 的 box-sizing 属性取值为 border-box，它的宽度已经包括了内边距和边框，所以实际效果与定义的宽度 200px 和高度 100px 是一致的。在实际应用中，border-box 是最常用的。

任务 6　box-shadow 属性的应用

任务描述

使用盒子模型的 box-shadow 属性对网页中的图片进行阴影样式设置，效果如图 5-9 所示。

图 5-9　任务 6 效果

任务实现

5-6.html

```
<!doctype html>
```

```html
<html>
<head>
<meta charset="utf-8">
<title>box-shadow 属性的应用</title>
<style type="text/css">
img{
    width:300px;
    padding:30px;
    border-radius:50%;
    border:5px solid #6FF;
    box-shadow:5px 5px 10px #999 inset;
    }
</style>
</head>
<body>
<img src="images/fengjing.jpg" alt="" />
</body>
</html>
```

知识点拨

box-shadow 属性用于为盒子模型添加一个或多个阴影效果，基本语法格式如下。

box-shadow:水平阴影 垂直阴影 阴影模糊半径 扩展半径 阴影颜色 阴影类型

在上面的语法格式中，水平阴影和垂直阴影是必选属性值，其他属性值都是可选的，阴影类型默认是外阴影。该任务应用的是内阴影，因为设置了内边距，所以内阴影效果比较明显。如果要设置多重阴影，则可以在当前阴影设置后加逗号，继续重复设置阴影效果，格式和上一个阴影设置的完全一样。

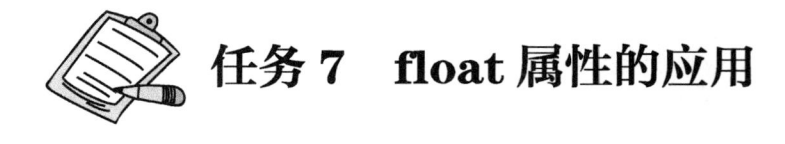

任务 7 float 属性的应用

任务描述

利用前面学过的盒子模型相关知识，并结合 float 属性，将 3 个小盒子并排整齐显示，效果如图 5-10 所示。

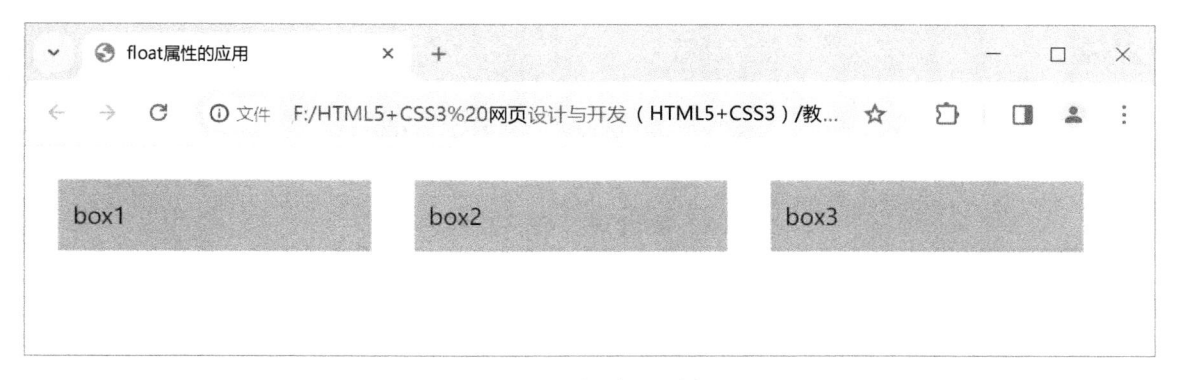

图 5-10 任务 7 效果

任务实现

5-7.html

```html
<!doctype html>
<html>
<head>
<meta charset="utf-8">
<title>float 属性的应用</title>
<style type="text/css">
.box1,.box2,.box3{
    width:200px;
    height:50px;
    line-height:50px;
    background:#F90; /* 设置背景颜色 */
    border:1px solid #6F6;
    margin:15px;
    padding:0px 10px;
    float:left;
}
</style>
</head>
<body>
    <div class="box1">box1</div>
    <div class="box2">box2</div>
    <div class="box3">box3</div>
</body>
</html>
```

知识点拨

float 属性可实现元素的浮动，有 4 个可选值，如表 5-3 所示。

表 5-3 float 属性值及其描述

属性值	描述
left	元素向左浮动
right	元素向右浮动
none	默认值，元素不浮动
inherit	从父元素继承 float 属性值

- 当元素设置了绝对定位或者 display 属性值为 none 时，float 属性无效；
- 如果空间足够，则相邻的浮动元素会紧挨在一起，排列成一行。

在该任务中，为了让 3 个盒子模型并排整齐显示，为每个盒子模型添加了浮动属性。

任务 8 盒子模型清除浮动的应用

任务描述

在任务 7 的基础上添加一个父元素盒子模型，结合盒子模型的几种清除浮动的方式清除浮动，将 3 个小盒子放置在父元素的盒子模型中，效果如图 5-11 所示。

图 5-11 任务 8 效果

任务实现

5-8-1.html（使用空标签清除浮动）

```
<!doctype html>
<html>
<head>
```

```html
<meta charset="utf-8">
<title>使用空标签清除浮动</title>
<style type="text/css">
.father{                          /*没有给父元素定义高度*/
    background:#ccc;
    border:1px dashed #999;
}
.box1,.box2,.box3{
    width:200px;
    height:50px;
    line-height:50px;
    background:#f9c;
    border:1px dashed #999;
    margin:15px;
    padding:0px 10px;
    float:left;                   /*定义box1、box2、box3这3个盒子模型为左浮动*/
}
.box4{ clear:both;}               /*对空标签应用"clear:both;"*/
</style>
</head>
<body>
<div class="father">
    <div class="box1">box1</div>
    <div class="box2">box2</div>
    <div class="box3">box3</div>
    <div class="box4"></div>       <!--在浮动元素后面添加空标签-->
</div>
</body>
</html>
```

5-8-2.html（使用 overflow 属性清除浮动）

```html
<!doctype html>
<html>
<head>
<meta charset="utf-8">
<title>使用overflow属性清除浮动</title>
<style type="text/css">
.father{                          /*没有给父元素定义高度*/
    background:#ccc;
```

```
    border:1px dashed #999;
    overflow:hidden;                    /*对父元素应用"overflow:hidden;"*/
}
.box1,.box2,.box3{
    width:200px;
    height:50px;
    line-height:50px;
    background:#f9c;
    border:1px dashed #999;
    margin:15px;
    padding:0px 10px;
    float:left;                         /*定义box1、box2、box3这3个盒子模型为左浮动*/
}
</style>
</head>
<body>
<div class="father">
    <div class="box1">box1</div>
    <div class="box2">box2</div>
    <div class="box3">box3</div>
</div>
</body>
</html>
```

5-8-3.html（使用 after 伪对象清除浮动）

```
<!doctype html>
<html>
<head>
<meta charset="utf-8">
<title>使用after伪对象清除浮动</title>
<style type="text/css">
.father{                                /*没有给父元素定义高度*/
    background:#ccc;
    border:1px dashed #999;
}
.father:after{                          /*对父元素应用after伪对象样式*/
    display:block;
    clear:both;
    content:"";
```

```
    visibility:hidden;
    height:0;
}
.box1,.box2,.box3{
    width:200px;
    height:50px;
    line-height:50px;
    background:#f9c;
    border:1px dashed #999;
    margin:15px;
    padding:0px 10px;
    float:left;                    /*定义box1、box2、box3这3个盒子模型为左浮动*/
}
</style>
</head>
<body>
<div class="father">
    <div class="box1">box1</div>
    <div class="box2">box2</div>
    <div class="box3">box3</div>
</div>
</body>
</html>
```

知识点拨

1. 空标签

空标签是指在 HTML 中只有标签，没有任何内容的元素。这种标签通常用于指示某种操作或属性的存在。

2. clear 属性

对元素设置浮动效果之后，会对其周围的元素造成一定的影响，为了消除这种影响，可以使用 clear 属性清除浮动。clear 属性值及其描述如表 5-4 所示。

表 5-4　clear 属性值及其描述

属性值	描述
left	左侧不允许有浮动元素
right	右侧不允许有浮动元素

续表

属性值	描述
both	左右两侧均不允许有浮动元素
none	默认值，允许浮动元素出现在左右两侧
inherit	从父元素继承 clear 属性值

在该任务中，如果不清除浮动，则网页呈现的效果如图 5-12 所示。

图 5-12　未清除浮动的效果

图 5-12 呈现的效果并不是我们想要的。因为浮动会对周围元素产生一定的影响，所以在该任务中分别使用了 3 种不同的方法来清除浮动：5-8-1.html 使用了空标签清除浮动，5-8-2.html 使用了 overflow 属性清除浮动，5-8-3.html 使用了 after 伪对象清除浮动（相当于在父元素后面加入空的内容）。这 3 种方法都能实现我们想要的效果，读者可以使用比较熟悉且擅长的方法，编者推荐使用第 2 种方法，其使用的代码少，更简洁、直观。

3．overflow 属性

overflow 属性用于规范盒子内容溢出的显示方式，可取的属性值有 4 个：visible、hidden、auto 和 scroll。

- visible 为默认值，表示显示溢出内容；
- hidden 表示隐藏溢出内容；
- auto 表示自动，即内容溢出后会显示滚动条，不溢出就不显示滚动条；
- scroll 表示溢出内容会被修剪，但是浏览器会显示滚动条，以便用户查看溢出内容。

任务 9　position 属性的应用

任务描述

利用前面学过的盒子模型相关知识，并结合元素的 position 属性，分别体现出相对定位和绝对定位的不同设置方式及效果，如图 5-13 和图 5-14 所示。

图 5-13 相对定位效果

图 5-14 绝对定位效果

任务实现

5-9-1.html（相对定位）

```
<!doctype html>
<html>
<head>
<meta charset="utf-8">
<title>相对定位</title>
```

```html
</head>
<style>
    .box {
        width: 300px;
        height: 300px;
        background-color: #ccc;
    }
    .box1 {
        width: 100px;
        height: 100px;
        background-color: red;
    }
    .box2 {
        width: 100px;
        height: 100px;
        background-color: blue;
        position: relative;
        left: 15px;
        top: 15px;
    }
    .box3 {
        width: 100px;
        height: 100px;
        background-color: green;
    }
</style>

<body>
    <div class="box">
        <div class="box1"></div>
        <div class="box2"></div>
        <div class="box3"></div>
    </div>
</body>
</html>
```

5-9-2.html（绝对定位）

```html
<!doctype html>
<html>
<head>
```

```html
<meta charset="utf-8">
<title>绝对定位</title>
</head>
<style>
    .box {
        width: 300px;
        height: 300px;
        background-color: #ccc;
        position: relative;
    }
    .box1 {
        width: 100px;
        height: 100px;
        background-color: red;
    }
    .box2 {
        width: 100px;
        height: 100px;
        background-color: blue;
        position:absolute;
        left: 15px;
        top: 15px;
    }
    .box3 {
        width: 100px;
        height: 100px;
        background-color: green;
    }
</style>

<body>
    <div class="box">
        <div class="box1"></div>
        <div class="box2"></div>
        <div class="box3"></div>
    </div>
</body>
</html>
```

知识点拨

position 常用的属性值有 4 个，分别对应 4 种定位模式：relative、absolute、fixed、static。

- relative：相对定位，相对于自身原来的距离进行移动。从图 5-13 中可以看出，相对定位保留了元素原来的位置。
- absolute：绝对定位，相对于已定位的父对象进行移动，如果没有已定位的元素当作父对象，那么它的父对象就是整体页面（body）。元素的位置通过 left、top、right 及 bottom 属性来规定。从图 5-14 中可以看出，采用绝对定位后，盒子模型原先的位置被顶掉了。
- fixed：固定定位，相对于浏览器窗口进行定位。元素的位置通过 left、top、right 及 bottom 属性来规定。
- static：静态定位，默认值。没有定位，元素出现在正常的流中（忽略 top、bottom、left、right 或 z-index 声明）。

position 属性还有一个 inherit 属性值，用于规定从父元素继承 position 属性值。

定位由两部分构成，分别是定位模式与边偏移。

边偏移是指定位模式下的偏移量，有 top、bottom、left 与 right 4 个属性，其属性值的单位为 px 或%，若单位为 px，则可以出现负值。

- top：与父元素上边线的距离。
- bottom：与父元素下边线的距离。
- left：与父元素左边线的距离。
- right：与父元素右边线的距离。

任务 10　背景属性的应用

任务描述

利用背景属性，结合前面学过的盒子模型相关知识，对网页和盒子模型中的内容分别进行背景颜色和背景图像的设置，效果如图 5-15 所示。

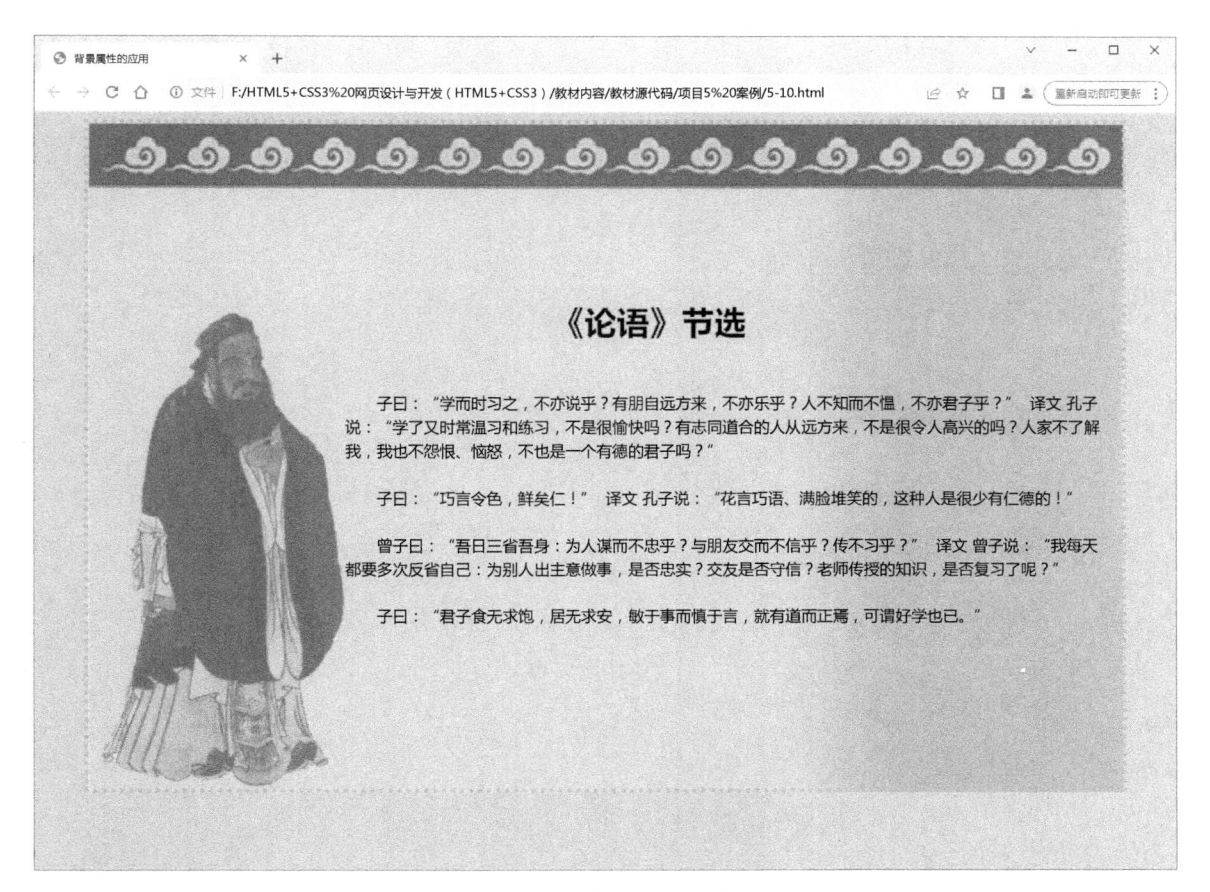

图 5-15 任务 10 效果

任务实现

5-10.html

```
<!doctype html>
<html>
<head>
<meta charset="utf-8"/>
<title>背景属性的应用</title>
<style type="text/css">
body{
    background-color:#9CF;        /* 设置网页背景颜色 */
    }
div{
    width:870px;
    height:600px;
    border:dotted #CC99FF 5px;
    margin: 0px auto;
```

```
        padding-top:150px;
        padding-left:280px;
        background-image:url(images/lunyu.jpg);    /* 设置盒子模型背景图像 */
        background-repeat:no-repeat;               /* 背景不重复 */
        font-size:18px;
        font-family:"微软雅黑";
        line-height:30px;
        text-indent:2em;
    }
    h1{
        padding-left:200px;
        line-height:100px;
    }
</style>

</head>
<body>
<div>
<h1>《论语》节选</h1>
<p>子曰:"学而时习之,不亦说乎?有朋自远方来,不亦乐乎?人不知而不愠,不亦君子乎?" 译文 孔子说:"学了又时常温习和练习,不是很愉快吗?有志同道合的人从远方来,不是很令人高兴的吗?人家不了解我,我也不怨恨、恼怒,不也是一个有德的君子吗?"</p>
<p>子曰:"巧言令色,鲜矣仁!"   译文 孔子说:"花言巧语、满脸堆笑的,这种人是很少有仁德的!"</p>
<p>曾子曰:"吾日三省吾身:为人谋而不忠乎?与朋友交而不信乎?传不习乎?"  译文 曾子说:"我每天都要多次反省自己:为别人出主意做事,是否忠实?交友是否守信?老师传授的知识,是否复习了呢?"</p>
<p>子曰:"君子食无求饱,居无求安,敏于事而慎于言,就有道而正焉,可谓好学也已。"</p>
</div>
</body>
</html>
```

知识点拨

1. 设置背景图像

background-image 是设置背景图像的属性,一起配合使用的属性有 background-repeat、background-position,以及 CSS3 新增的 background-size、background-attachment、background-origin、background-clip。

- background-image：设置合适的背景图像。
- background-repeat：有方向地重复填充背景图像，主要用法如下。
  - background-repeat: repeat;：默认值，背景图像在垂直方向和水平方向上重复。
  - background-repeat: no-repeat;：背景图像不重复。
  - background-repeat: repeat-x;：背景图像在水平方向上重复。
  - background-repeat: repeat-y;：背景图像在垂直方向上重复。
- background-position：定位背景图像。定位背景图像的方法有3种：百分数（50% 50%代表中心位置）、像素值（10px 20px代表左上角向右偏移10px、向下偏移20px）和直接指定位置（center、top、bottom、left、right）。
- background-size：设置背景图像大小。它有1~2个属性值，代表背景图像的width（宽度）和height（高度），单位可以用px、%，如果只设一个值，则另一个值默认为auto；其属性值还可以是cover和contain，分别代表使背景图像覆盖背景区域（背景图像某些部分可能无法显示在背景区域中）和背景图像完全显示在背景区域中（按照图像某一边扩展至最大尺寸）。
- background-attachment：设置背景图像是否滚动。其常用的属性值有scroll（默认值，图像随页面一起滚动）、fixed（图像固定在屏幕上，不随页面滚动）。
- background-origin：设置背景图像的显示区域，主要用法如下。
  - background-origin:padding-box;：背景图像相对于内边距区域来定位。
  - background-origin:border-box;：背景图像相对于边框区域来定位。
  - background-origin:content-box;：背景图像相对于内容区域来定位。
- background-clip：设置背景图像的裁剪区域，主要用法如下。
  - background-clip:border-box;：默认值，从边框区域向外裁剪背景图像。
  - background-clip:padding-box;：从内边距区域向外裁剪背景图像。
  - background-clip:content-box;：从内容区域向外裁剪背景图像。

2. 设置背景颜色

在前面的案例中就使用过背景颜色属性background，常用于设置元素背景颜色的属性是background-color，两者的区别如下。
- background是背景缩写属性，可以在一个声明中代替所有的背景属性。例如，可以将该任务中的背景图像代码组合为：

```
background: url(images/lunyu.jpg) no-repeat;
```

- background-color属性只用于设置一个元素的背景颜色。

任务 11　opacity 属性的应用

任务描述

使用 opacity 属性，分别对网页中的 4 张图像设置透明度，效果如图 5-16 所示。

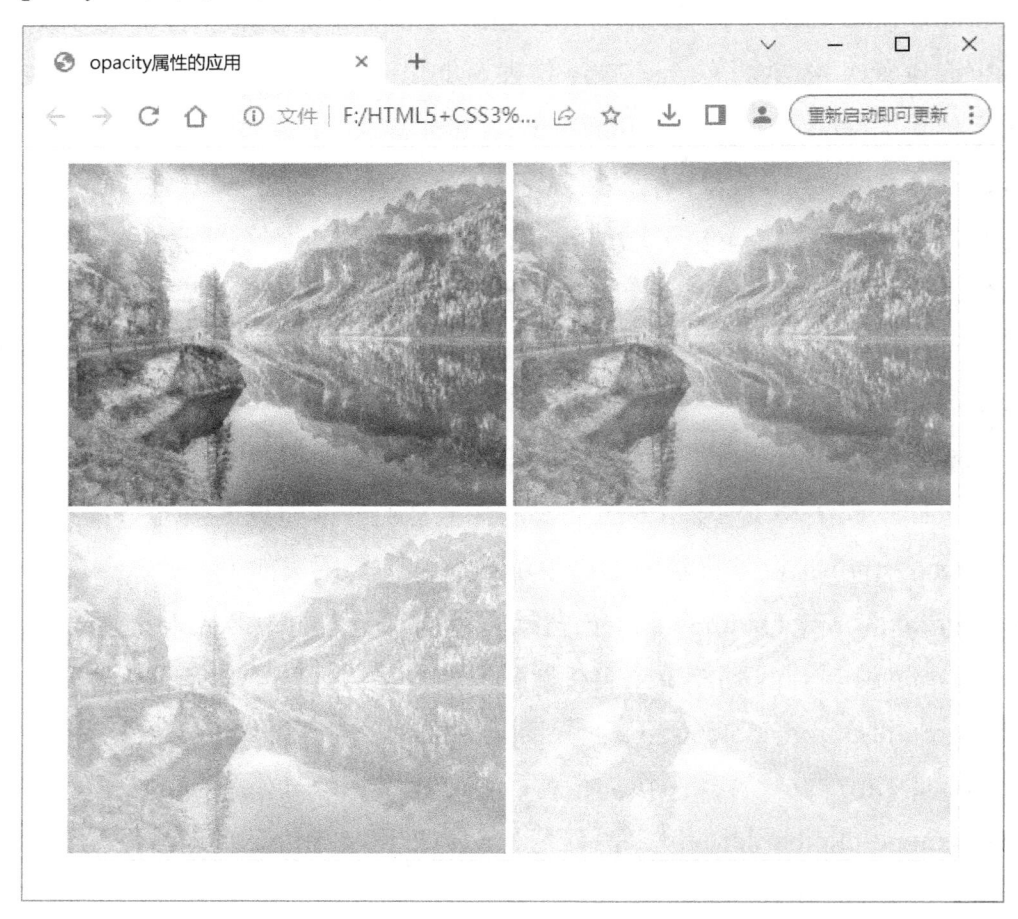

图 5-16　任务 11 效果

任务实现

5-11.html

```
<!doctype html>
<html>
<head>
<meta charset="utf-8">
<title>opacity 属性的应用</title>
<style type="text/css">
```

```
div{width:610px; margin:10px auto; border:solid 1px #FF0;}
img:first-child{opacity:1;}
img:nth-child(2){opacity:0.8;}
img:nth-child(3){opacity:0.5;}
img:nth-child(4){opacity:0.2;}
</style>
</head>
<body>
<div>
<img src="images/fengjing.jpg" width="300">
<img src="images/fengjing.jpg" width="300">
<img src="images/fengjing.jpg" width="300">
<img src="images/fengjing.jpg" width="300">
</div>
</body>
</html>
```

知识点拨

1. opacity 属性

在 CSS3 中，opacity 属性用于设置图像透明度。它能使任何元素都呈现出透明效果，语法格式如下。

```
opacity:opacityValue;
```

在上面的语法格式中，opacityValue 表示不透明度的值，它是一个介于 0～1 之间的浮点值。其中，0 表示完全透明，1 表示完全不透明，0.5 表示半透明。在该任务中，4 张图像的透明度依次增加。opacityValue 的值越小，表示透明度越高。

2. RGBA 模式

RGBA 是 CSS3 新增的颜色模式。它是 RGB 颜色模式的延伸，在红色、绿色、蓝色 3 种颜色的基础上添加了不透明度参数，语法格式如下。

```
rgba(r,g,b,alpha);
```

在上面的语法格式中，前 3 个参数分别代表红色、绿色、蓝色的参数值，alpha 参数是一个介于 0～1 之间的数字，0 表示完全透明，1 表示完全不透明，数值越小，透明度越高。

例如，使用 RGBA 模式为 p 元素指定透明度为 0.8、颜色为绿色的背景，代码如下。

```
p{background-color:rgba(0,255,0,0.8);}
```

任务 12 渐变属性的应用

任务描述

使用网页的渐变属性，并结合前面学过的盒子模型相关知识，分别对网页中的 3 个盒子模型设置渐变效果，如图 5-17 所示。

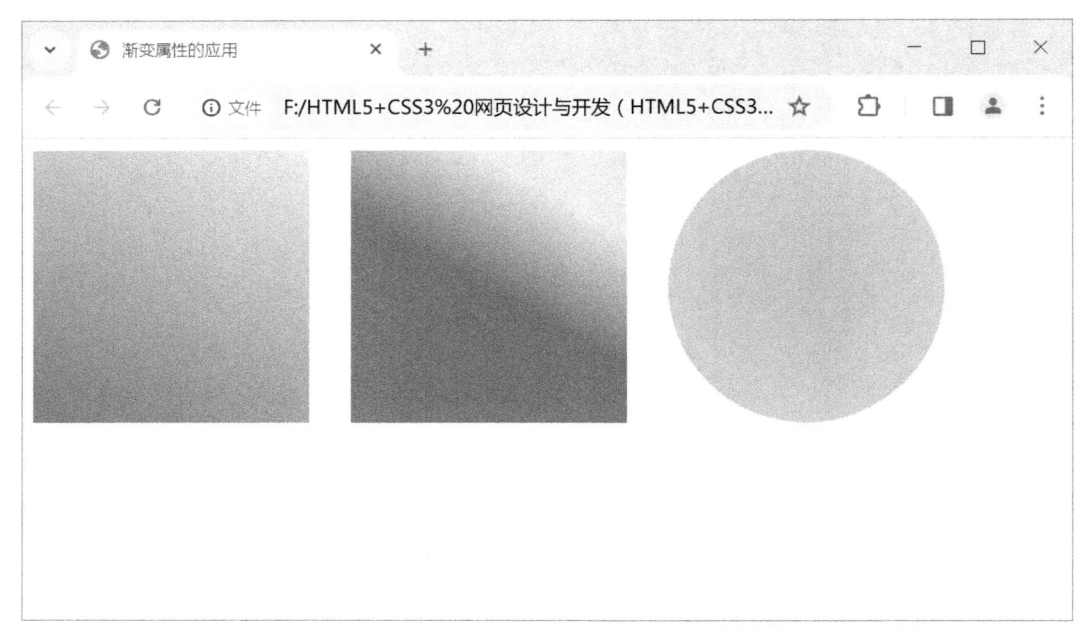

图 5-17 任务 12 效果

任务实现

5-12.html

```
<!doctype html>
<html>
<head>
<meta charset="utf-8">
<title>渐变属性的应用</title>
<style type="text/css">
.box1{
    width:200px;                /*设置盒子模型的宽度*/
    height:200px;               /*设置盒子模型的高度*/
    background-image:linear-gradient(30deg,#06F,#6FF);/* 设置线性渐变效果 */
    float:left;
```

```
        margin-right:30px;
        }
.box2{
        width:200px;                    /*设置盒子模型的宽度*/
        height:200px;                   /*设置盒子模型的高度*/
        background-image:linear-gradient(30deg,#06F 50%,#6FF 80%);/* 设置线性渐变
效果 */
        float:left;
        margin-right:30px;
        }
.box3{
        width:200px;                    /*设置盒子模型的宽度*/
        height:200px;                   /*设置盒子模型的高度*/
        border-radius:50%;
        background-image:radial-gradient(ellipse at center,#F9C,#0FF);/* 设置径向渐
变效果 */
        float:left;
        }
</style>
</head>
<body>
<div class="box1"></div>
<div class="box2"></div>
<div class="box3"></div>
</body>
</html>
```

知识点拨

1. 线性渐变

渐变属性是 CSS3 新增的属性。线性渐变是指从起始颜色沿着一条直线过渡到结束颜色，语法格式如下。

```
background-image:linear-gradient(渐变角度,颜色值1,颜色值2,...,颜色值n);
```

在该任务中，为 box1 定义了一个渐变角度为 30 度，颜色从#06F 到#6FF 的线性渐变效果。在 box2 中，每个颜色值后面添加了一个百分数，用于标示颜色渐变的位置，可以看作，在 50%的位置从颜色#06F 渐变至颜色#6FF，在 80%的位置结束渐变。

2. 径向渐变

径向渐变是指从起点到终点颜色由内到外进行圆形渐变（从中间向外拉），语法格式如下。

```
background-image:radial-gradient(渐变形状 圆心位置,颜色值1,颜色值2,...,颜色值n);
```

任务 13　重复渐变属性的应用

任务描述

使用网页的重复渐变属性，并结合前面学过的盒子模型相关知识，分别对网页中的两个盒子模型设置重复渐变效果，如图 5-18 所示。

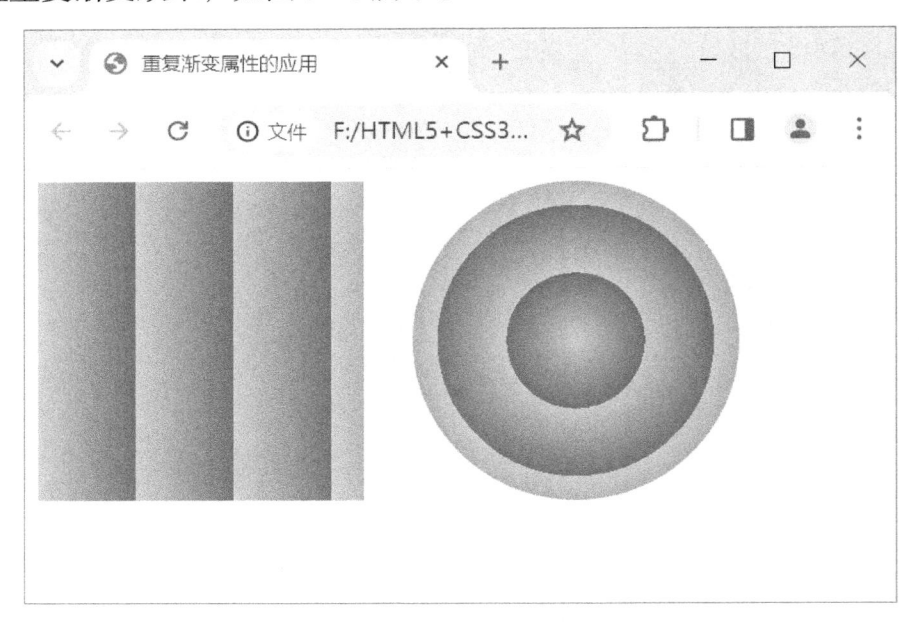

图 5-18　任务 13 效果

任务实现

5-13.html

```
<!doctype html>
<html>
<head>
<meta charset="utf-8">
<title>重复渐变属性的应用</title>
```

```
<style type="text/css">
.box1{
    width:200px;
    height:200px;
    background-image:repeating-linear-gradient(90deg,#F9F,#06F 30%,#6FF 10%);
    float:left;
    margin-right:30px;
    }
.box2{
    width:200px;
    height:200px;
    border-radius:50%;
    background-image:repeating-radial-gradient(circle at 50% 50%,#F9F,#06F 30%,#6FF 10%);
    float:left;
    }
</style>
</head>
<body>
<div class="box1"></div>
<div class="box2"></div>
</body>
</html>
```

知识点拨

1. 重复线性渐变属性

重复线性渐变属性的语法格式如下。

`background-image:repeating-linear-gradient(渐变角度,颜色值1,颜色值2,...,颜色值n);`

在上面的语法格式中,"repeating-linear-gradient(参数值)"用于定义渐变方式为重复线性渐变,其余用法和线性渐变相同。在该任务中,设置box1为渐变角度为90度、3种颜色的重复线性渐变效果。同线性渐变一样,百分数代表渐变的位置。

2. 重复径向渐变属性

重复径向渐变属性的语法格式如下。

`background-image:repeating-radial-gradient(渐变形状 圆心位置,颜色值1,颜色值2,...,颜色值n);`

在上面的语法格式中,"repeating-radial-gradient(参数值)"用于定义渐变方式为重复径向渐变,其余用法和径向渐变相同。

任务 14　使用盒子模型布局网页

任务描述

利用前面所学的盒子模型相关元素和属性,布局一个网页结构,要求设置为上、中、下结构,中间内容部分为左、中、右三栏,左、右为侧边栏,宽度较窄,中间主内容区宽度较宽,并进行适当美化,能清晰、直观地显示出网页各模块的分布,效果如图 5-19 所示。

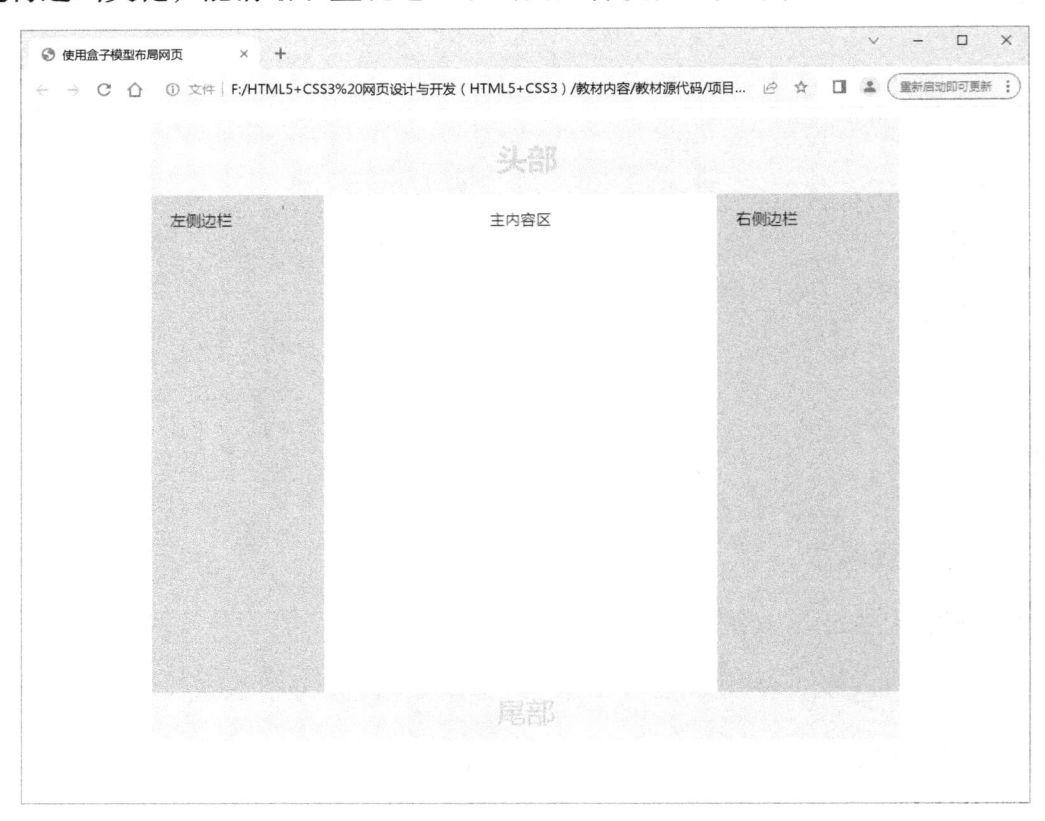

图 5-19　任务 14 效果

任务实现

5-14.html

```
<!doctype html>
<html>
```

```html
<head>
<meta charset="utf-8"/>
<title>使用盒子模型布局网页</title>
<style type="text/css">
*{
    margin: 0;
    padding: 0;
}
#box {
    width: 780px;
    margin: 10px auto;            /* 整个盒子模型在页面中水平居中，且距页面顶部 10px */
}
#header h1 {
    line-height:80px;
    padding-left:10px;
    background: #EEE;
    color: #97D3F2;
    text-align: center;
}
#left {
    float: left;
    width: 150px;
    height:500px;
    background: #97D3F2;
    padding: 15px 10px 15px 20px;
}
#right {
    float:right;
    width: 160px;
    height:500px;
    background:#97D3F2;
    padding: 15px 10px 15px 20px;
}
#mid {
    padding-top:15px;
    text-align: center;
}
#footer {
    background: #EEE;
```

```
        color:#97D3F2;
        height:50px;
        font-size:30px;
        text-align: center;
        clear: both;                                        /* 清除浮动 */
}
</style>
</head>
<body>
<div id="box">
    <div id="header">
        <h1>头部</h1>
    </div>
    <div id="left">
        <p>左侧边栏</p>
    </div>
    <div id="right">
        <p>右侧边栏</p>
    </div>
    <div id="mid">
        <p>主内容区</p>
    </div>
    <div id="footer">
        <p>尾部</p>
    </div>
</div>
</body>
</html>
```

知识点拨

网页布局是一种定义网页结构的模式（或框架）。它具有为网站所有者和用户构造网站上存在的信息的作用。它为网页内的导航提供了清晰的路径，并将网页中最重要的元素置于网页的正面和中心。

网页布局有很多种方式，一般分为以下几部分：头部区域、导航区域、内容区域、尾部区域。在该任务中，网页的布局是浮动布局，其常用于 PC 端网页布局。用户也可根据盒子模型相关知识，以及浮动、定位等属性自行规划网页布局，这里不再详细讲解。

项目实战 制作"消防安全知识教育"页面

项目分析

1. 结构分析

根据项目效果进行结构分析，如网页由哪些部分构成。根据本项目效果可以看出，网页中有一个大盒子，其中包含了上、下两个模块，可以将上、下两个模块分别用小盒子布局。文本内容中涉及数字序号，可考虑使用有序列表实现。

2. 样式分析

通过本项目效果可以看出，网页中的大盒子使用了渐变背景和圆角边框，其中，上面的小盒子使用了图文混排效果，图像在左边，所以对图像添加左浮动效果，并为图像和文本设置一定的间距。下面的小盒子也使用了图文混排效果，图像在右边，所以对图像添加右浮动效果。盒子之间的内外边距根据内容效果实时调整，所有盒子均为水平居中。

项目实施

1. 搭建网页结构

根据结构分析，使用 HTML5 标签搭建网页结构，参考代码如下。

index.html

```html
<!doctype html>
<!doctype html>
<html>
<head>
<meta charset="utf-8">
<title>消防安全知识教育</title>
<link href="style.css" type="text/css" rel="stylesheet" />
</head>

<body>
<div id="box">
  <h1>消防安全知识教育</h1>
```

```html
<div id="box1">
    <h2>火警报警常识</h2>
    <img src="images/xiaofang.png" alt="消防安全" class="xiaofang"/>
    <ol>
        <li>报警时拨打"119"并讲清着火单位所在区县、街道、门牌号；</li>
        <li>说清楚是什么东西着火和火势大小，以便消防部门调出相应的消防车；</li>
        <li>说清楚报警人的姓名和使用的电话号码；</li>
        <li>注意听清消防队的询问，正确、简洁地予以回答，待对方明确说明可以挂断电话时，方可挂断电话；</li>
        <li>报警后到路口等候消防车，以便指示消防车去火场的道路。</li>
    </ol>
</div>
<div id="box2">
    <h2>辨识危险源与火灾隐患</h2>
    <h3>教室（计算机房）火灾隐患</h3>
    <ol>
        <li>教室门不畅通（门背后常堆积大量杂物）或只开一个门；</li>
        <li>使用大功率电热器；</li>
        <img src="images/jingshi.png" alt="" class="jingshi" />
        <li>违规使用电子教具，造成瞬间负荷过大或电线短路；</li>
        <li>线路老化或超负荷工作；</li>
        <li>不按安全规定存放易燃物品；</li>
        <li>在教室、计算机房内吸烟、乱扔烟头；</li>
        <li>其他安全隐患。</li>
    </ol>
    <h3>宿舍火灾隐患</h3>
    <ol>
        <li>违规使用大功率电器，使线路超负荷工作；</li>
        <li>私自乱接电线；</li>
        <li>在宿舍密闭空间里吸烟；</li>
        <li>在蚊帐内点蜡烛看书或点燃蚊香；</li>
        <li>擅自使用电饭煲、煤油炉、酒精炉在宿舍内做饭或使用大功率电器烧水等；</li>
        <li>私自携带易燃、易爆的危险物品到宿舍内使用；</li>
        <li>使用没有安全保障的充电宝或充电器充电，手机充电器长时间插在插座上；</li>
        <li>其他安全隐患。</li>
    </ol>
</div>
</body>
</html>
```

2. 定义网页 CSS3 样式

搭建完网页结构后,接下来为网页添加 CSS3 样式,参考代码如下。

style.css

```css
@charset "utf-8";
/* CSS Document */
*{
    margin: 0;
    padding: 0;
}
#box{
    width: 1000px;
    border:1px solid #D1CDCD;
    margin:30px auto;
    padding: 20px;
    line-height: 30px;
    border-radius:30px;
    background-image:repeating-linear-gradient(180deg,#FFF,#F33)
}
h1{
    text-align: center;
    color: red;
    font-family:"微软雅黑";
}
.xiaofang{
    width: 350px;
    float:left;
    margin-right:30px;
}
h2{
    text-align: center;
    line-height: 45px;
}
.jingshi{
    width: 300px;
    float:right;
}
#box1{
    width: 960px;
    margin: 20px auto;
    overflow: hidden;   /* 清除浮动,使图像正常显示在盒子中 */
```

```
    }
#box2{
    width: 960px;
    margin: 20px auto;
    }
li{list-style-position:inside;} /*设置数字序号位于盒子内部*/
```

项目小结

本项目主要利用盒子模型相关属性，对不同模块内容进行布局，以及对模块中的图像和文本进行布局和美化，综合制作了一个"消防安全知识教育"页面。

拓展任务

拓展任务 1：按图 5-20 所示效果完成网页制作。

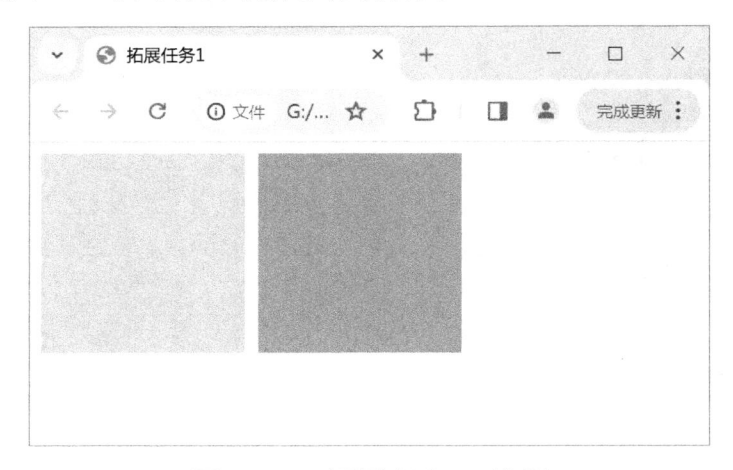

图 5-20　拓展任务 1 效果

拓展任务 2：按图 5-21 所示效果完成网页制作。

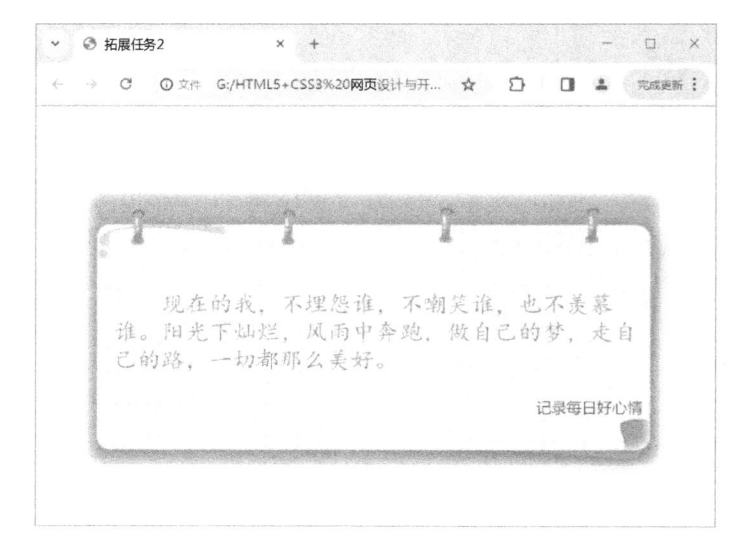

图 5-21　拓展任务 2 效果

知识小结

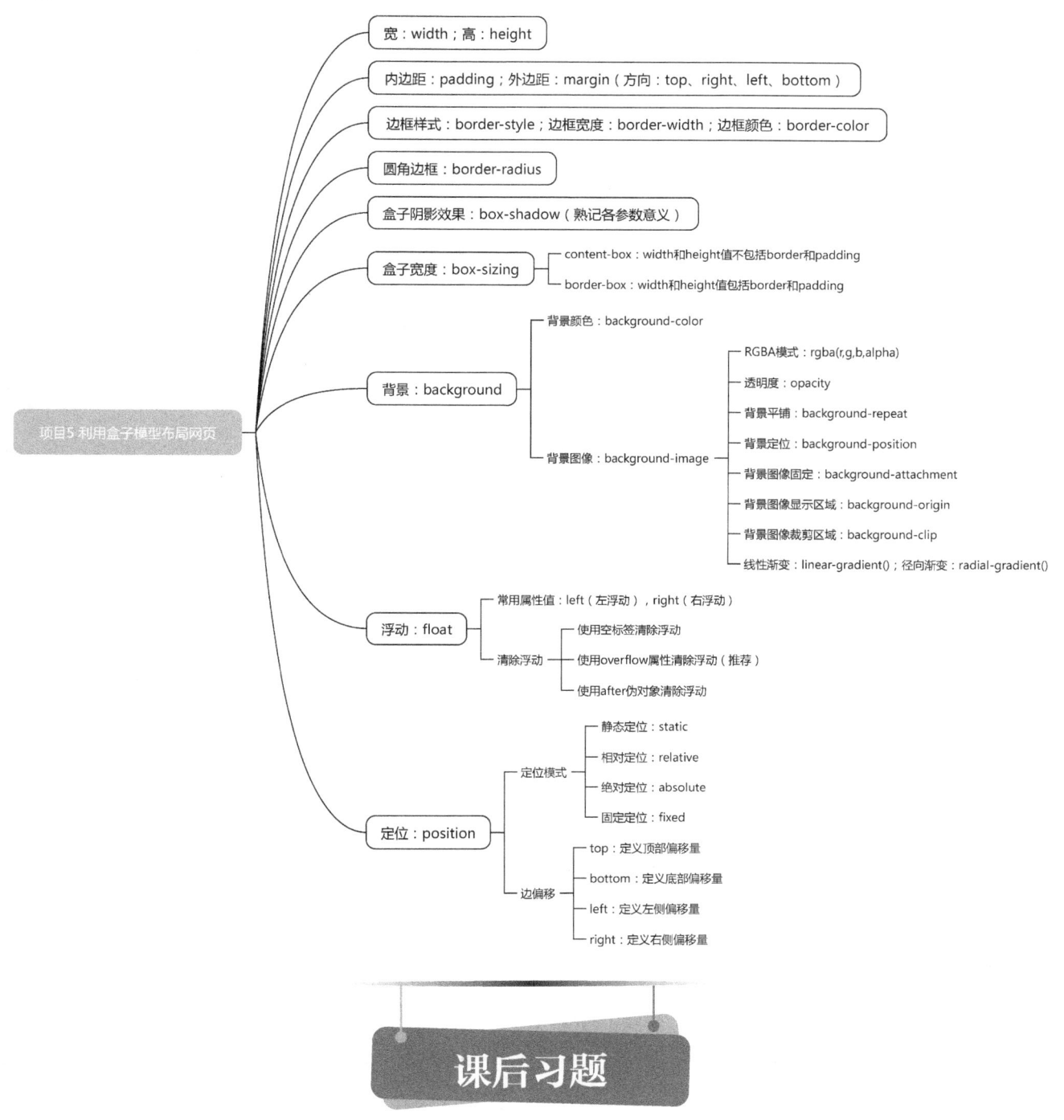

项目5 利用盒子模型布局网页
- 宽：width；高：height
- 内边距：padding；外边距：margin（方向：top、right、left、bottom）
- 边框样式：border-style；边框宽度：border-width；边框颜色：border-color
- 圆角边框：border-radius
- 盒子阴影效果：box-shadow（熟记各参数意义）
- 盒子宽度：box-sizing
  - content-box：width和height值不包括border和padding
  - border-box：width和height值包括border和padding
- 背景：background
  - 背景颜色：background-color
  - 背景图像：background-image
    - RGBA模式：rgba(r,g,b,alpha)
    - 透明度：opacity
    - 背景平铺：background-repeat
    - 背景定位：background-position
    - 背景图像固定：background-attachment
    - 背景图像显示区域：background-origin
    - 背景图像裁剪区域：background-clip
    - 线性渐变：linear-gradient()；径向渐变：radial-gradient()
- 浮动：float
  - 常用属性值：left（左浮动），right（右浮动）
  - 清除浮动
    - 使用空标签清除浮动
    - 使用overflow属性清除浮动（推荐）
    - 使用after伪对象清除浮动
- 定位：position
  - 定位模式
    - 静态定位：static
    - 相对定位：relative
    - 绝对定位：absolute
    - 固定定位：fixed
  - 边偏移
    - top：定义顶部偏移量
    - bottom：定义底部偏移量
    - left：定义左侧偏移量
    - right：定义右侧偏移量

课后习题

一、选择题

1. 在下列选项中，（　　）是外边距属性。

   A．padding　　　　　　　　　　B．margin

   C．border　　　　　　　　　　　D．background

2. 在下列选项中，（　　）是内边距属性。

A. padding B. margin

C. border D. background

3. 在下列选项中，（　　）是边框属性。

A. padding B. margin

C. border D. background

4. CSS3 边框样式 border-style:none;用于设置（　　）。

A. 点线边框 B. 虚线边框

C. 实线边框 D. 无边框

5. 在下列选项中，不能用于定义背景颜色的是（　　）。

A. background-color:red; B. background-color:#f00;

C. background-color:rgb(255,0,0); D. color:#f00;

6. 在下列代码中，背景图像格式设置正确的是（　　）。

A. body{ background: url(1.png);} B. body{ background-image: 1.png;}

C. body{ background-color: url(1.png);} D. body{ background-repeat: url(1.png);}

7. 在下列选项中，position 属性值（　　）可设置相对定位模式。

A. static B. fixed

C. relative D. absolute

8. 在下列选项中，用于设置元素浮动到其容器左侧的是（　　）。

A. float: left B. float: right

C. float: none D. float: inherit

9. CSS3 边框样式的 border-radius 属性用于设置（　　）。

A. 边框宽度 B. 边框颜色

C. 圆角边框 D. 边框形状

10. CSS3 的背景颜色属性是（　　）。

A. background-color B. background-image

C. background-repeat D. background-position

二、填空题

1. 在 CSS3 中，box-sizing 属性的取值可以为＿＿＿＿＿＿或 border-box。

2. CSS3 中的＿＿＿＿＿＿属性可以为元素添加阴影。

3. CSS3 中的＿＿＿＿＿＿属性用于定义盒子模型的宽度值和高度值是否包含元素的内边距和边框。

4. 如果希望背景图像固定在屏幕的某一位置，不随滚动条移动，则可以使用_____属性来设置。

5. CSS3 中的_____属性可以定义背景图像的相对位置。

6. CSS3 中用于设置背景图像裁剪区域的属性是_____。

7. CSS3 中用于设置线性渐变的属性是_____。

8. CSS3 中的背景重复渐变属性是_____。

9. CSS3 中的 radial-gradient 函数用于设置_____。

10. CSS3 中用于设置背景图像大小的属性是_____。

项目 6

利用 CSS3 美化列表样式

● **项目描述**

通过对前面项目的学习，我们已经熟悉了 HTML5 与 CSS3 大部分的重点知识和技能点，本项目将在网页项目中经常用到的列表和盒子元素等相关知识综合在一起，结合 CSS3 相关内容，完成由盒子模型布局、列表制作导航的一个综合项目——"青年教育宣传"页面。

● **项目效果**

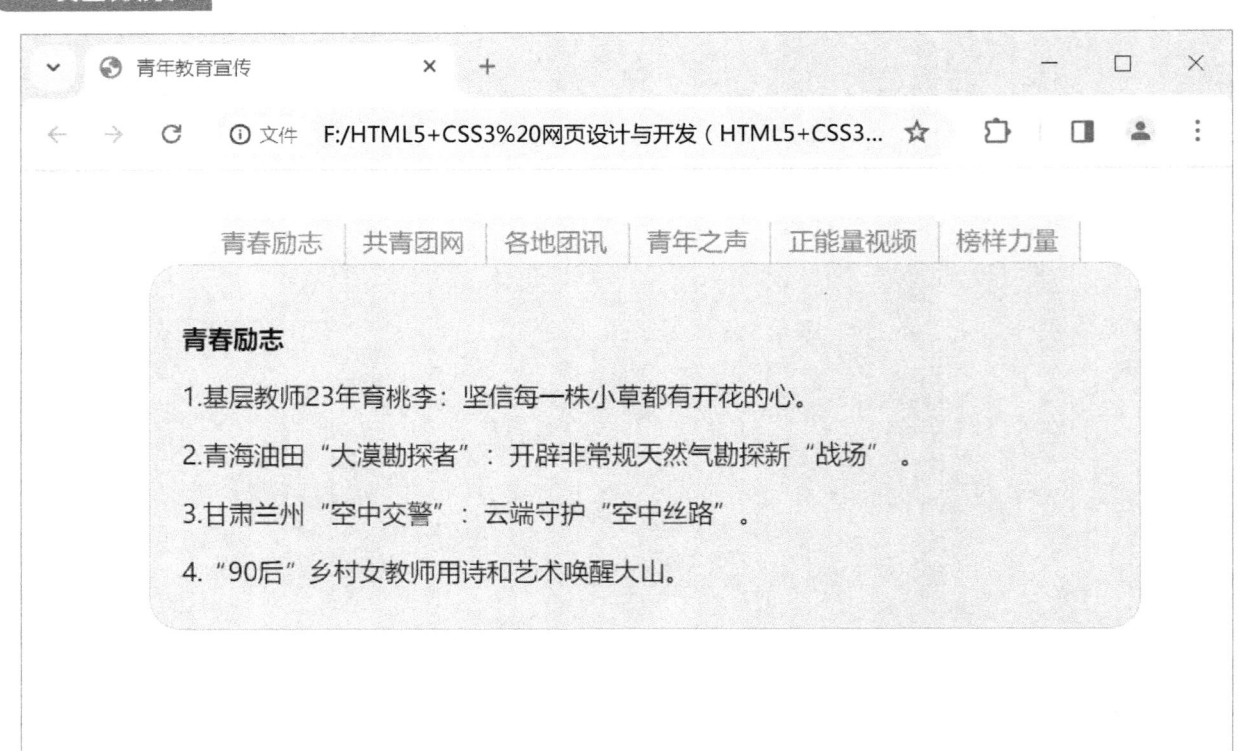

知识目标

1. 掌握列表样式属性的设置方法及相关意义。
2. 理解元素类型转换的几种方式及意义。

技能目标

1. 能利用列表样式属性设置符合页面需要的列表样式效果。
2. 能熟练利用无序列表、盒子元素及相关属性、浮动元素等制作网页导航。

素质目标

1. 在网页内容中融入思想政治内容，注重加强对学生的世界观、人生观和价值观的教育。
2. 在学习网页制作的过程中，培养学生探索、创新、实践、协作的职业素养。
3. 通过学习编程，培养学生的信息素养和逻辑思维能力。

任务 1　设置列表项目符号

任务描述

使用无序列表将"珠海网红景点"以列表的形式呈现出来，效果如图 6-1 所示。

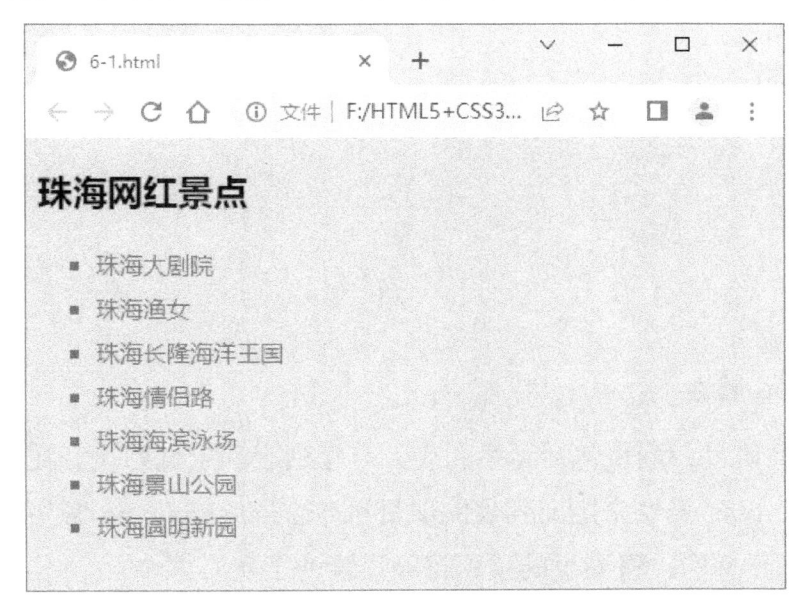

图 6-1　任务 1 效果

任务实现

6-1.html

```html
<!doctype html>
<html>
<head>
<meta charset="utf-8">
<title></title>
<style type="text/css">
body {background-color:#B0E8EF;}          /*设置页面背景颜色 */
ul {                                       /*列表样式*/
    color:#2C4AD4;
    list-style-type: square;               /*项目符号*/
    line-height: 30px;
    }
</style>
</head>
<body>
<h2>珠海网红景点</h2>
<ul>
    <li>珠海大剧院</li>
    <li>珠海渔女</li>
    <li>珠海长隆海洋王国</li>
    <li>珠海情侣路</li>
    <li>珠海海滨泳场</li>
    <li>珠海景山公园</li>
    <li>珠海圆明新园</li>
</ul>
</body>
</html>
```

知识点拨

1. list-style-type 属性

在项目 2 中已经讲过，列表包括无序列表、有序列表和定义列表。在无序列表和有序列表中常使用 list-style-type 属性来定义列表的项目符号。list-style-type 常用的属性值及其描述如表 6-1 所示。在该任务中，将列表的项目符号设置为了实心方块。

表 6-1　list-style-type 常用的属性值及其描述

属性值	描述
none	不使用列表项目符号
disc	默认值，实心圆形
circle	空心圆形
square	实心方块
decimal	数字
lower-roman	小写罗马数字（i、ii、iii、iv、v 等）
upper-roman	大写罗马数字（Ⅰ、Ⅱ、Ⅲ、Ⅳ、Ⅴ等）
lower-alpha	小写英文字母（a、b、c、d、e 等）
upper-alpha	大写英文字母（A、B、C、D、E 等）
lower-latin	小写拉丁字母（a、b、c、d、e 等）
upper-latin	大写拉丁字母（A、B、C、D、E 等）

2．知识补充：list-style-image 属性

在 CSS3 中，除了使用 list-style-type 属性设置项目符号，还可以将项目符号设置为图片符号的样式，用法为 list-style-image:url(url)|none，这里就不专门讲述了，读者可以根据项目需要自行尝试。

3．知识补充：list-style-position 属性

在设置列表项目符号时，有时需要控制项目符号的位置。在 CSS3 中，list-style-position 属性用于控制列表项目符号的位置，常用的属性值有 inside 和 outside。

- inside：项目符号位于列表文本以内，且环绕文本对齐。
- outside：默认值。项目符号位于文本之外的左侧，且文本不与项目符号对齐。

任务 2　制作横向导航

任务描述

利用无序列表，并结合盒子模型及元素浮动的相关知识，制作一个横向导航，要求呈现出鼠标指针悬停效果（执行动作前后背景颜色发生变化），访问前的效果如图 6-2 所示。

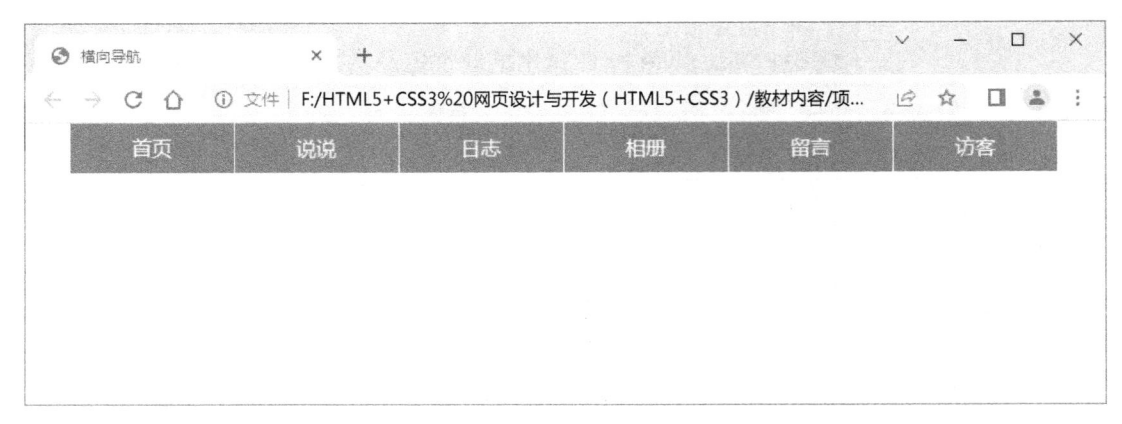

图 6-2 任务 2 效果

任务实现

6-2.html

```css
<style type="text/css">
*{                          /* 清除内外边距 */
    margin:0;
    padding:0;
}
ul{                         /* 设置整个列表的效果 */
    width:790px;
    height:40px;
    margin:0 auto;          /* 设置整个列表水平居中 */
    font-size:16px;
    font-family:"微软雅黑";
    list-style-type: none;  /* 设置列表无项目符号 */
}
ul li{                      /* 设置单个列表项的效果 */
    float:left;
    margin-left:1px;
    line-height:40px;
    text-align: center;
    background-color:#337ccb;
}
ul li a{
    display: block;
    width: 130px;
    text-decoration: none;  /* 设置超链接无下画线 */
    color:#FFF;
}
```

```
ul li a:hover{                              /* 设置鼠标指针悬停效果 */
    background:#63aeff;
}
</style>
</head>

<body>
    <ul>
        <li><a href="#">首页</a></li>       /* "#"代表空链接 */
        <li><a href="#">说说</a></li>
        <li><a href="#">日志</a></li>
        <li><a href="#">相册</a></li>
        <li><a href="#">留言</a></li>
        <li><a href="#">访客</a></li>
    </ul>
</body>
</html>
```

知识点拨

1. 元素类型的转换

网页是由多个块元素和行内元素构成的盒子布局排列而成的，如果希望行内元素具有块元素的某些特性（如可以设置宽度、不独占一行等），则可以使用 display 属性对元素的类型进行转换。

display 常用的属性值及其描述如下。

- none：设置元素隐藏，不占用页面空间。
- inline：使元素变成行内元素，拥有行内元素的特性，即可以与其他行内元素共享一行，不会独占一行；不能更改元素的 height、width 值，元素大小由内容撑开；可以使用 padding、margin 的 left 和 right 值产生边距效果，但不能使用 top 和 bottom。
- block：使元素变成块元素，独占一行，在不设置自己宽度的情况下，块元素会默认填满父级元素的宽度；能够改变元素的 height、width 值；可以设置 padding、margin 的各个属性值，即 top、left、bottom、right 都能产生边距效果。
- inline-block：使元素变成行内块元素，既有行内元素的（一行可有多个）特性，又有块元素的（可设置宽高、边距）特性。

在该任务中，将单个列表项的显示方式设置为块元素（block），以方便整体设置链接效果。

2. 利用列表制作导航的样式设置

利用无序列表制作导航或布局网站的方式在当前已被广泛应用，重点要掌握 CSS3 样式设置的方法，以下几点读者需重点掌握：一是设置整个列表（ul）的样式；二是设置列表项（li）的样式；三是设置列表项的超链接（a）的样式；四是设置鼠标指针悬停效果（a:hover）的样式。掌握这 4 点就能很轻松地制作出一个精美的导航。

任务 3　制作立体导航

任务描述

利用无序列表，并结合盒子模型及元素浮动的相关知识，制作立体导航，效果如图 6-3 和图 6-4 所示。

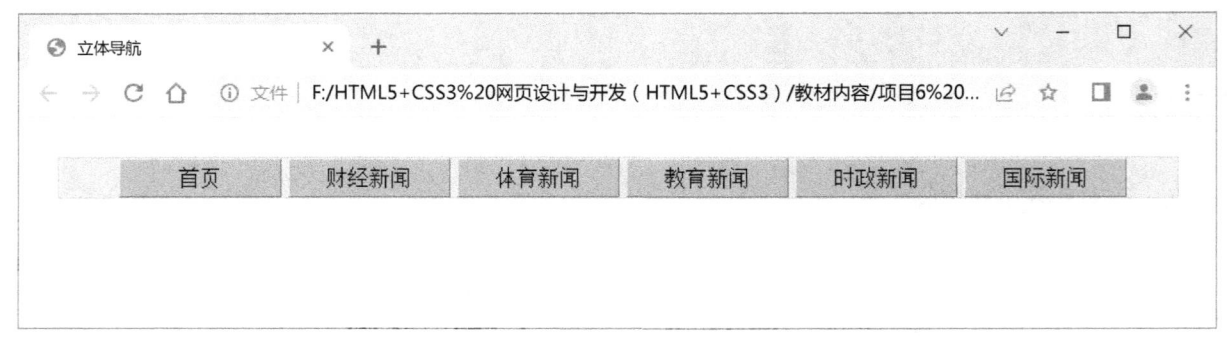

图 6-3　未被访问的导航效果

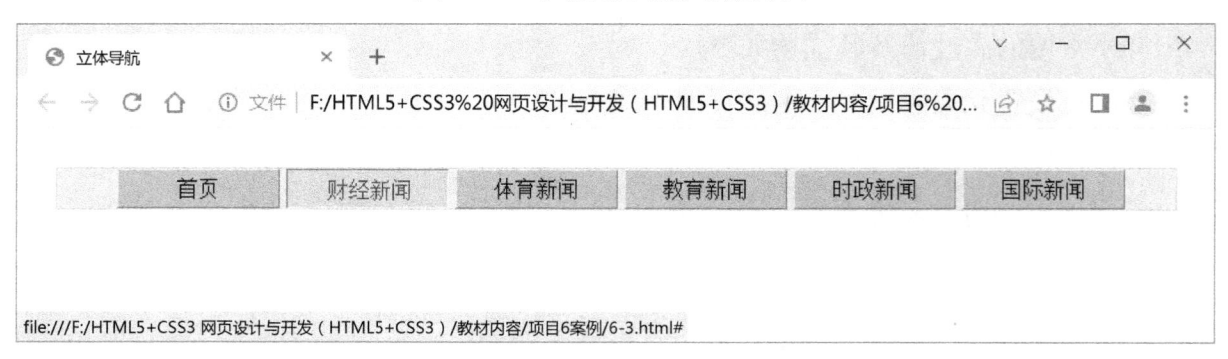

图 6-4　鼠标指针悬停时的导航效果

任务实现

6-3.html

```
<!doctype html>
```

```html
<html>
<head>
<meta charset="utf-8">
<title>立体导航</title>
<style>
body {
    margin: 0px;
    padding: 0px;
    font-size: 16px;
    font-family: "宋体";
}
ul {
    margin: 30px auto;
    width: 800px;
    list-style-type: none;
    text-align: center;
    border: 1px solid #ccc;
    overflow: hidden;
    background-color: #FBDCDD;
}
li {
    float: left;
    margin-left: 5px;
}
a:link,
a:visited {                              /* 未被访问、被访问后的超链接 */
    color: #000;
    display: block;
    width: 100px;
    height: 20px;
    line-height: 20px;
    padding: 4px 10px 4px 10px;
    background-color:#3CF;
    text-decoration: none;
    border-top: 1px solid #ece0e0;
    border-left: 1px solid #ece0e0;
    border-bottom: 1px solid #636060;
    border-right: 1px solid #636060;
}
a:hover {                                /* 鼠标指针悬停时的超链接 */
```

```
    color: #821818;                            /* 改变文本颜色 */
    padding: 5px 8px 3px 12px;                 /* 改变文本位置 */
    background-color: #e2c4c9;                 /* 改变背景颜色 */
    border-top: 1px solid #636060;             /* 边框变换，实现"按下去"的效果 */
    border-left: 1px solid #636060;
    border-bottom: 1px solid #ece0e0;
    border-right: 1px solid #ece0e0;
}
</style>

</head>
<body>
    <ul>
        <li><a href="#">首页</a></li>
        <li><a href="#">财经新闻</a></li>
        <li><a href="#">体育新闻</a></li>
        <li><a href="#">教育新闻</a></li>
        <li><a href="#">时政新闻</a></li>
        <li><a href="#">国际新闻</a></li>
    </ul>
</body>
</html>
```

知识点拨

该任务中的立体导航效果主要是通过设置左上的边框颜色来实现的，综合利用了盒子模型的相关属性达到自己想要的效果，具体的导航样式设置在任务 2 中已经详述，这里不再赘述，读者也可以自行探索更多关于导航美观效果设计的方法。

任务 4 制作下拉式菜单导航

任务描述

利用无序列表、超链接、盒子模型等知识，制作一个下拉式菜单导航，效果如图 6-5 和图 6-6 所示。

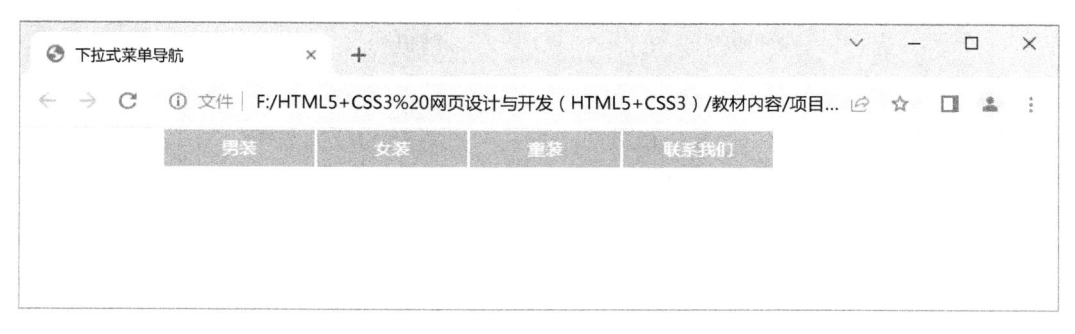

图 6-5 未被访问的导航效果

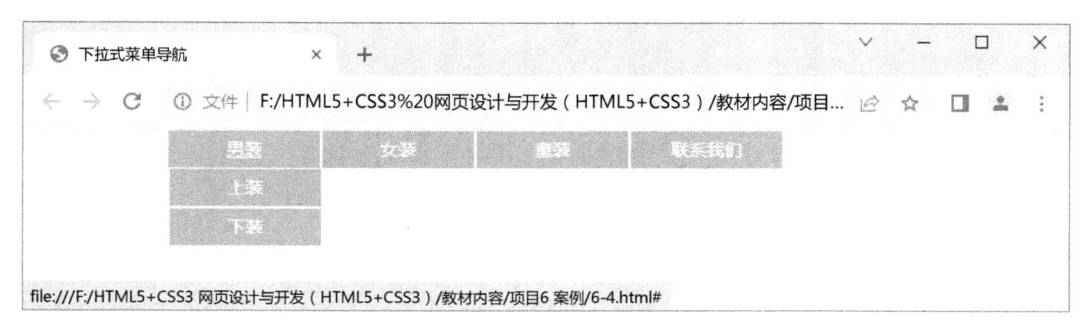

图 6-6 鼠标指针悬停时的下拉式菜单导航效果

任务实现

6-4.html

```html
<!doctype html>
<html>
<head>
<meta charset="utf-8">
<title>下拉式菜单导航</title>
<style type="text/css">
body,div,ul,li,a{
    margin:0;
    padding:0;
}
div{
    width:600px;
    margin:0 auto;
}
li{
    width:120px;
    line-height:30px;
    text-align:center;
    list-style:none;
```

```
}
a{
    display:block;              /*设置页面中的所有超链接为块元素*/
    line-height:30px;
    color:#fff;
    font-size:14px;
    text-decoration:none;
}
div ul li{
    float:left;
    background:#60C7F3;
    border:1px solid #fff;
}
div ul li ul{
    display:none;               /*隐藏二级导航*/
}
div ul li a:hover{
    text-decoration:underline;
    color:#fff;
    background:#60C7F3;
}
div ul li:hover ul,div ul li a:hover ul {
    display:block;              /*当鼠标指针悬停在一级导航的列表项或超链接上时，显示二级导航*/
    width:120px;
    height:30px;
}
div ul li ul li {
    width:120px;
    background:#60C7F3;
}
div ul ul li a:hover{
    text-decoration:underline;   /*设置当鼠标指针悬停在一级导航上时显示下画线*/
    background:#CCC;
}
</style>
</head>
<body>
    <div>
        <ul>
            <li><a href="#">男装</a>
```

```html
            <ul>
                <li><a href="#">上装</a></li>
                <li><a href="#">下装</a></li>
            </ul>
        </li>
        <li><a href="#">女装</a>
            <ul>
                <li><a href="#">上装</a></li>
                <li><a href="#">下装</a></li>
            </ul>
        </li>
        <li><a href="#">童装</a>
            <ul>
                <li><a href="#">幼儿</a></li>
                <li><a href="#">儿童</a></li>
                <li><a href="#">青少年</a></li>
            </ul>
        </li>
        <li><a href="#">联系我们</a>
            <ul>
                <li><a href="#">发送邮件</a></li>
                <li><a href="#">微信关注</a></li>
            </ul>
        </li>
    </ul>
  </div>
</body>
</html>
```

知识点拨

在该任务中，通过利用列表、盒子模型等知识，以及 CSS3 巧妙地制作了一个下拉式菜单导航，这里面有两个重点：一是一级导航，相关设置与任务 2 类似，这里不再详述；二是二级导航，它用到了显示方式 display（元素的类型转换属性），需要将二级导航隐藏时使用 display:none，需要显示二级导航（垂直导航）时，则使用 display:block。这两条语句是很关键的，读者需重点掌握。

任务 5 制作下拉式面板导航

任务描述

利用无序列表、定义列表、超链接、盒子模型等相关知识，制作一个下拉式面板导航，效果如图 6-7 和图 6-8 所示。

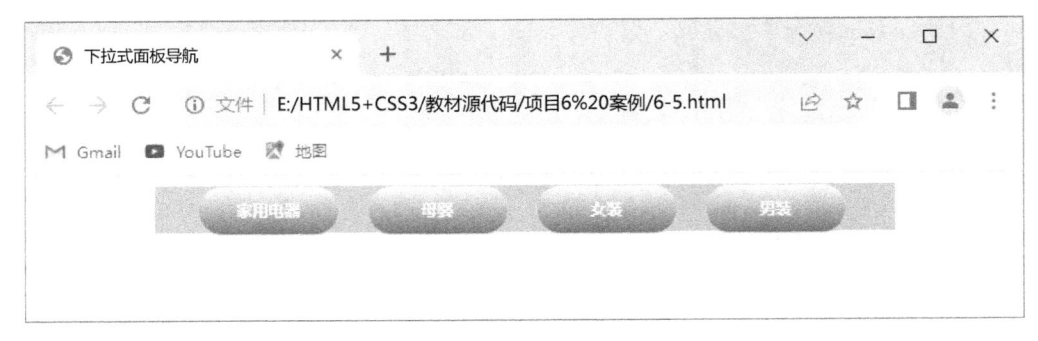

图 6-7 未被访问的导航效果

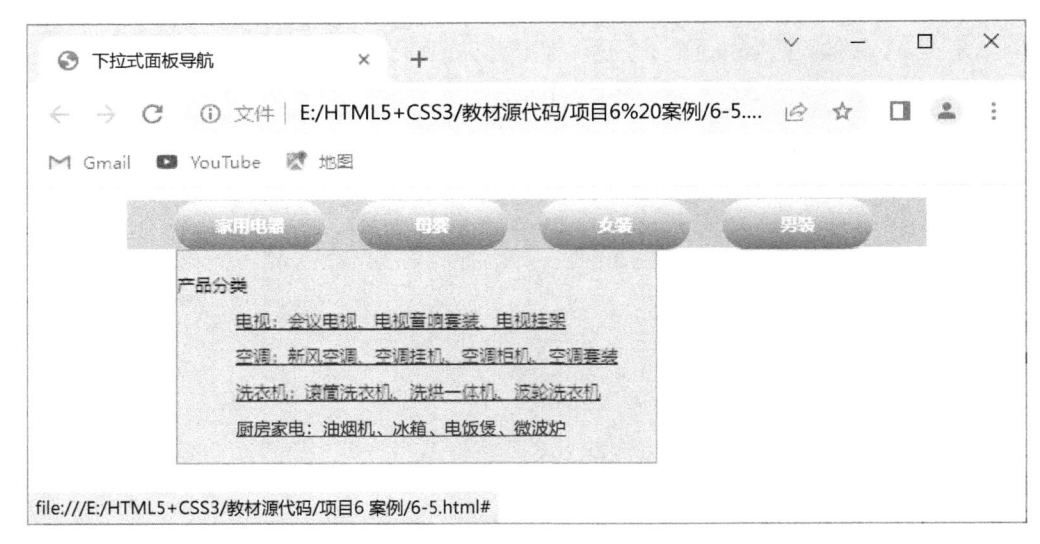

图 6-8 鼠标指针悬停在"家用电器"菜单上时的下拉式面板导航效果

任务实现

6-5.html

```
<!doctype html>
<html>
<head>
```

```html
<meta charset="utf-8">
<title>下拉式面板导航</title>
<style type="text/css">
#list {
    padding-left: 32px;
    margin: 0 auto;
    width: 520px;
    height:35px;
    background-color:#C6C2C3;
    font-size:12px;
}
#list li {
    display:inline;
    float:left;
    height:35px;
    background-image: linear-gradient(0,green,#fff);
    border: 1px solid #ccc;
    border-radius: 30px;
    padding-left:12px;
    position:relative;
    margin-right: 20px;
}
#list li a.box {
    display:block;
    width:80px;
    height:35px;
    text-decoration:none;
    text-align:center;
    line-height:35px;
    font-weight:bold;
    color:#fff;
    padding-right:12px;
}
#list div {
    display:none;
}
#list :hover div {
    display:block;
    width:330px;
```

```
            background-color:#FDD1C7;
            position:absolute;
            left:1px;
            top:34px;
            border:1px solid #888;
            line-height: 25px;
        }
</style>
</head>
<body>
<ul id="list">
    <li><a href="#" class="box">家用电器</a>
        <div class="shuma">
            <dl id="menu">
                <dt>产品分类</dt>
<dd><a href="#" title="">电视：会议电视、电视音响套装、电视挂架</a></dd>
                <dd><a href="#" title="">空调：新风空调、空调挂机、空调柜机、空调套装</a></dd>
                <dd><a href="#" title="">洗衣机：滚筒洗衣机、洗烘一体机、波轮洗衣机</a></dd>
                <dd><a href="#" title="">厨房家电：油烟机、冰箱、电饭煲、微波炉</a></dd>
            </dl>
        </div>
    </li>
    <li><a href="#" class="box">母婴</a></li>
    <li><a href="#" class="box">女装</a></li>
    <li><a href="#" class="box">男装</a></li>
</ul>
</body>
</html>
```

知识点拨

该任务综合利用了无序列表和定义列表来制作下拉式面板导航，一级导航设置利用了无序列表，下拉式面板设置利用了定义列表，定义列表中采用关键词在上、详细内容在下的模式，并结合绝对定位，使二者的布局更有层次感，既简洁，效果又好。样式设置和前面的任务类似，这里不再详述。

任务 6　制作旅游攻略栏目

任务描述

利用无序列表、超链接、盒子模型等相关知识，制作一个旅游攻略栏目，要求鼠标指针悬停在某个栏目上时字体显示为红色，访问前的效果如图 6-9 所示。

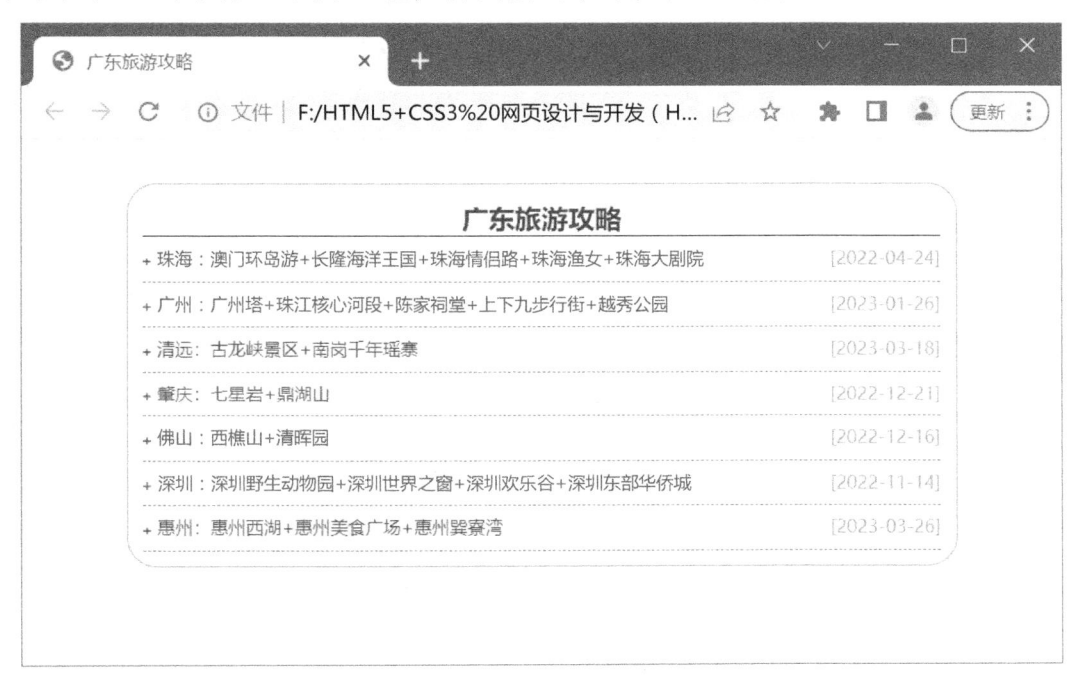

图 6-9　任务 6 效果

任务实现

6-6.html

```
<!doctype html>
<html>
<head>
<meta charset="utf-8">
<title>广东旅游攻略</title>
<style type="text/css">
*{
    margin:0;
    padding:0;
```

```css
}
div{
    width: 540px;
    margin: 30px auto;
    padding: 10px;
    font-size: 12px;
    border:1px solid #3BA6E1;
    border-radius: 20px;
}
div h2{
    color:#2f2e2e;
    border-bottom:1px solid #000;
    text-align: center;
}
div img{
    margin:0 5px;
}
div ul{
    list-style-type:none;
    list-style-image:url(images/icon-list.gif);
    list-style-position:inside;   /* 设置列表样式中项目符号的位置 */
}
div ul li{
    line-height:30px;
    border-bottom:1px dashed #666;
}
div ul li a{
    text-decoration:none;
    color:#2f2e2e;
}
div ul li a:hover{
    color:red;
}
div ul li a span{
    float:right;
    color:#999;
}
div ul li a:hover span{
    color:#333;
}
```

```html
</style>
</head>

<body>
    <div>
        <h2>广东旅游攻略</h2>
        <ul>
            <li><a href="#">珠海：澳门环岛游+长隆海洋王国+珠海情侣路+珠海渔女+珠海大剧院<span>[2022-04-24]</span></a></li>
            <li><a href="#">广州：广州塔+珠江核心河段+陈家祠堂+上下九步行街+越秀公园<span>[2023-01-26]</span></a></li>
            <li><a href="#">清远：古龙峡景区+南岗千年瑶寨<span>[2023-03-18]</span></a></li>
            <li><a href="#">肇庆：七星岩+鼎湖山<span>[2022-12-21]</span></a></li>
            <li><a href="#">佛山：西樵山+清晖园<span>[2022-12-16]</span></a></li>
            <li><a href="#">深圳：深圳野生动物园+深圳世界之窗+深圳欢乐谷+深圳东部华侨城<span>[2022-11-14]</span></a></li>
            <li><a href="#">惠州：惠州西湖+惠州美食广场+惠州巽寮湾<span>[2023-03-26]</span></a></li>
        </ul>
    </div>
</body>
</html>
```

知识点拨

在网站的各个网页中，经常会划分一些栏目，如新闻栏目、信息公告栏、排行榜等。使信息整齐、有序排列是列表的优势，再加上 CSS3 的修饰，列表可以实现更加精美的效果。在该任务中，综合利用列表和盒子模型相关知识，制作了一个广东旅游攻略栏目，读者也可以根据需要对其进行设计加工。

任务 7　设计图片列表版式

任务描述

利用无序列表、超链接、盒子模型等相关知识，制作一个具有图片列表版式的网页，要求鼠标指针悬停在文本上时其显示为红色,访问前的效果如图 6-10 所示。

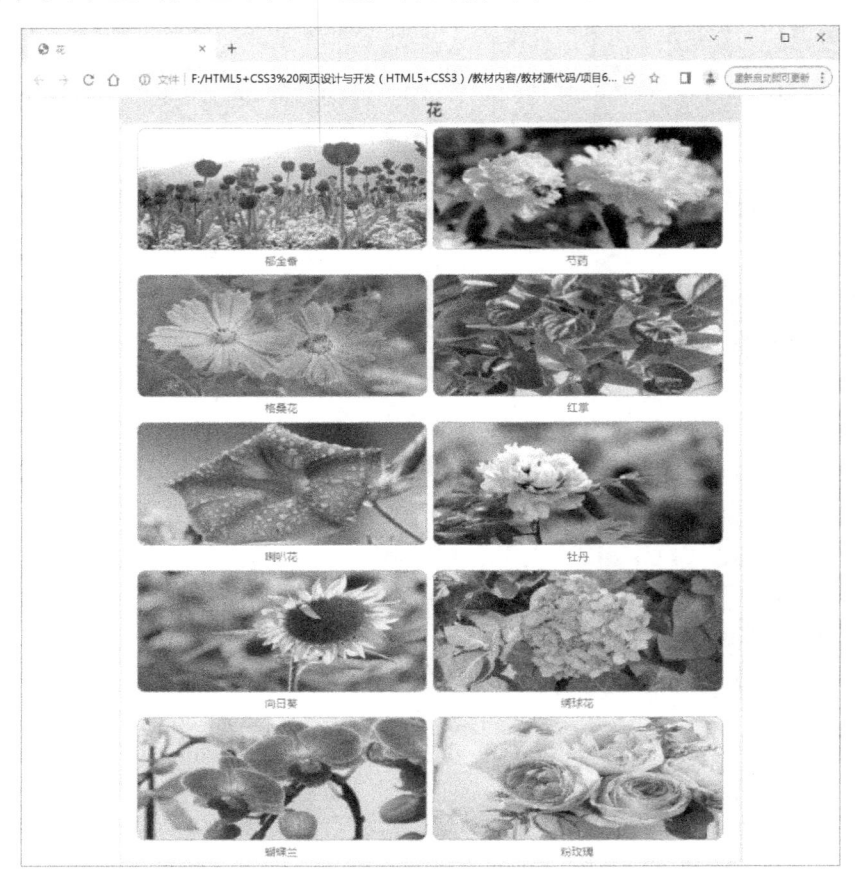

图 6-10　任务 7 效果

任务实现

6-7.html

```
<!doctype html>
<html>
<head>
<meta charset="utf-8">
<title>花</title>
</head>
<style>
*{
    margin: 0;
    padding: 0;
}
h3 {
    width: 800px;
    height: 30px;
```

```css
    margin: 0 auto;
    font-size: 20px;
    text-indent: 10px;
    line-height: 30px;
    Background: #FCC;
    text-align: center;
}
h3 a {
    color: #c00;
    text-decoration: none;
}
h3 a:hover {
    color: #000;
}
ul {
    width: 774px;
    margin: 0 auto;
    padding-left: 20px;
    border: 3px solid #E4E1D3;
    overflow: hidden;         /*清除浮动 */
}
ul li {
    float: left;
    margin: 5px 10px 3px 0px;
    list-style-type: none;
}
ul li a {
    display: block;
    width: 370px;
    height: 175px;
    text-decoration: none;
}
ul li a img {
    width: 370px;
    height: 150px;
    border: 1px #F37B7D solid;
    border-radius: 10px;
}
ul li a span {
    display: block;
```

```
    width: 370px;
    height: 23px;
    line-height: 20px;
    font-size: 14px;
    text-align: center;
    color: #333;
    cursor: hand;
    white-space: nowrap;
    overflow: hidden;
}
ul li a:hover span {
    color: #c00;
}
</style>
<body>
<h3><a href="#/">花</a></h3>
<ul>
    <li> <a href="#"><img src="images/1.jpeg" alt=""><span>郁金香</span></a></li>
    <li> <a href="#"> <img src="images/2.jpg" alt=""> <span>芍药</span></a></li>
    <li> <a href="#"> <img src="images/3.jpg" alt=""> <span>格桑花</span></a></li>
    <li> <a href="#"> <img src="images/4.jpg" alt=""> <span>红掌</span></a></li>
    <li> <a href="#"> <img src="images/5.jpg" alt=""> <span>喇叭花</span></a></li>
    <li> <a href="#"> <img src="images/6.jpg" alt=""> <span>牡丹</span> </a></li>
    <li> <a href="#"> <img src="images/7.jpg" alt=""> <span>向日葵</span> </a></li>
    <li> <a href="#"> <img src="images/8.jpeg" alt=""> <span>绣球花</span> </a></li>
    <li> <a href="#"> <img src="images/9.jpg" alt=""> <span>蝴蝶兰</span> </a></li>
    <li> <a href="#"> <img src="images/10.jpeg" alt=""> <span>粉玫瑰</span> </a></li>
</ul>
</body>
</html>
```

知识点拨

该任务巧妙地在列表项中引入了图片，并利用行内标签<span>将列表项文本内容放在内部，以及在列表这个盒子里面利用 overflow 属性来清除列表盒子元素的浮动等。这些都是在设计图片列表版式时需要考虑的因素。

在网页内容布局中，经常会有类似该任务中图片或者模块要利用列表版式布局的情况，此时可以综合利用 CSS3 和无序列表制作所需的列表版式，让网页内容更加整齐、美观。读者要细心研究每条语句的作用，可以自行模仿该任务，设计相似的版式。

项目实战 制作"青年教育宣传"页面

项目分析

1. 结构分析

根据本项目效果可以看出，网页由一个大盒子构成，其中包含了上下两个小盒子，上面的盒子主要负责实现导航，下面的盒子主要负责显示相关导航所对应的内容。导航可以使用项目 2 的任务 1 中讲述的无序列表实现，对于下面的显示模块，标题下面的部分可以使用有序列表实现，但考虑到上面的盒子中使用的是无序列表，为了统一设置列表相关样式，这里也使用无序列表来实现，将数字与内容一同写出来即可。

2. 样式分析

通过本项目效果可以看出，网页中的字体大小统一，可以放在前面统一设置；大盒子在页面中水平居中，上面的盒子需设置盒子基本属性、导航超链接及鼠标指针悬停效果，下面的盒子需设置圆角边框、背景颜色，以及盒子相关属性等。

项目实施

1. 搭建网页结构

根据分析，使用 HTML5 标签搭建网页结构，参考代码如下。

index.html

```html
<!doctype html>
<html>
<meta charset="utf-8">
<title>青年教育宣传</title>
<link href="style.css" type="text/css" rel="stylesheet" />
</head>
<body>
<div class="tab">
    <div class="tab_1">
        <ul>
            <li><a href="#one"><span>青春励志</span></a></li>
```

```html
            <li><a href="#two"><span>共青团网</span></a></li>
            <li><a href="#three"><span>各地团讯</span></a></li>
            <li><a href="#four"><span>青年之声</span></a></li>
            <li><a href="#five"><span>正能量视频</span></a></li>
            <li><a href="#six"><span>榜样力量</span></a></li>
        </ul>
</div>
<div class="content">
        <div class="tab_2"  id="one">
            <h3>青春励志</h3>
            <p>1.基层教师23年育桃李：坚信每一株小草都有开花的心。</p>
            <p>2.青海油田"大漠勘探者"：开辟非常规天然气勘探新"战场"。</p>
            <p>3.甘肃兰州"空中交警"：云端守护"空中丝路"。</p>
            <p>4."90后"乡村女教师用诗和艺术唤醒大山。</p>
        </div>
        <div class="tab_2"  id="two">
            <h3>共青团网</h3>
            <p>1."澳门青年看祖国"赴黑龙江参观交流。</p>
            <p>2.6名青年讲述与"青城"双向奔赴的故事。</p>
            <p>3.千万师生同上一堂国家安全教育课。</p>
            <p>4.一所基层学校的数字化教育探索。</p>
        </div>
        <div class="tab_2"  id="three">
            <h3>各地团讯</h3>
            <p>1.陕西举办"青春建功'十四五'"共青团助力乡村振兴省级示范活动。</p>
            <p>2.昆明：为青少年建立全天候、全公益、全链条心理咨询服务。</p>
            <p>3.广西梧州市青年创业创新协会成立。</p>
            <p>4.四川青川县开展"学思践悟党的二十大·党团共建助振兴"采茶助农活动。</p>
        </div>
        <div class="tab_2"  id="four">
            <h3>青年之声</h3>
            <p>1.神舟十五号乘组完成第四次出舱活动 刷新中国航天员单个乘组出舱活动纪录。</p>
            <p>2.第四届全国青少年文化精品征集推荐活动优秀作品名单公布。</p>
            <p>3.增强全民国家安全意识和素养——各地开展形式多样的全民国家安全教育日宣教活动。
</p>
            <p>4."体育+文化" 两岸青年北京中轴线慢跑、感受古都历史。</p>
        </div>
        <div class="tab_2"  id="five">
            <h3>正能量视频</h3>
```

```html
        <p>1.英雄之光 | 山海阻不断归程！这条新修整的路，用英雄的名字命名。</p>
        <p>2.24岁当选村支书，她在农村造"彩虹"。</p>
        <p>3.给大山里的孩子"正脊"。</p>
        <p>4."00后"制茶师：心静"炒"出一盏好茶。</p>
    </div>
    <div class="tab_2" id="six">
        <h3>榜样力量</h3>
        <p>1.50年潜心研究修建拱桥（讲述·一辈子一件事）。</p>
        <p>2.当好"国门卫士"。</p>
        <p>3.逆风前行守住百姓"生命线"。</p>
        <p>4.46年坚守"护牙"一线（讲述·一辈子一件事）。</p>
    </div>
</div>
</body>
</html>
```

2. 定义网页CSS3样式

搭建完网页结构后，接下来为网页添加CSS3样式，参考代码如下。

style.css

```css
@charset "utf-8";
/* CSS Document */
* { font-size: 16px; }
ul {
    list-style-type: none;
    margin: 0px;
}
.tab {
    width: 600px;
    clear: both;
    height: 200px;
    margin: 20px auto;
}
.tab_1 {
    width: 100%;
    background: #f1b1de;
    font-size: 93%;
    line-height: normal;
```

```css
}
.tab_1 ul {
    margin: 0;
    padding: 10px 10px 0 35px;
    list-style: none;
    float: left;
}
.tab_1 li {
    display: inline;
    margin: 0;
    padding: 0;
    cursor: pointer;
}
.tab_1 a{
    float: left;
    background: url("images/1.gif") no-repeat left top;
    margin: 0;
    padding: 0 0 0 4px;
    text-decoration: none;
}
.tab_1 a span {
    float: left;
    display: block;
    background: url("images/2.gif") no-repeat right top;
    padding: 5px 15px 4px 6px;
    color: #666;
}
div.content {
    margin: 0px;
    width: 620px;
    height: 230px;
    overflow: hidden;
    border: 1px solid #6CF;
    border-radius:20px;
    background-color:#C4E7E8;
}
.tab_1 a:hover span {
    color: #FF9834;
    display: block;
```

```
    background-position: 100% -42px;
}
.tab_1 a:hover { background-position: 0% -42px; }
.tab_2 {
    height: auto;
    padding: 20px;
    clear: both;
    text-align: left;
}
```

项目小结

本项目综合利用无序列表、盒子模型的基本属性、元素类型转换属性 display 等对不同模块内容进行布局并对模块中的内容进行相关美化，制作了一个"青年教育宣传"页面。

拓展任务

拓展任务 1：模拟本项目的任务 2，制作一个校园网导航，内容可参考各学校校园网，设计样式和风格可自定义。

拓展任务 2：按图 6-11 所示效果完成网页制作。

图 6-11 拓展任务 2 效果

知识小结

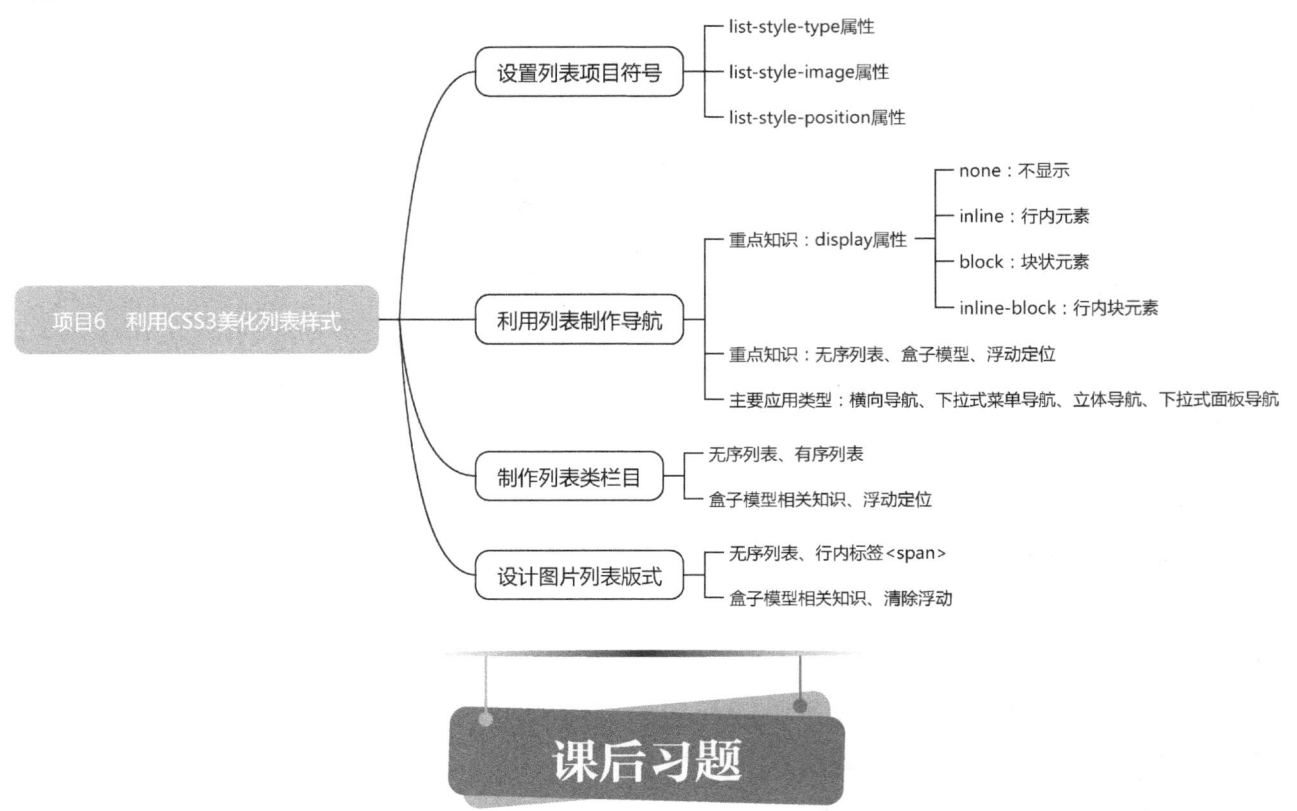

项目6 利用CSS3美化列表样式
- 设置列表项目符号
  - list-style-type属性
  - list-style-image属性
  - list-style-position属性
- 利用列表制作导航
  - 重点知识：display属性
    - none：不显示
    - inline：行内元素
    - block：块状元素
    - inline-block：行内块元素
  - 重点知识：无序列表、盒子模型、浮动定位
  - 主要应用类型：横向导航、下拉式菜单导航、立体导航、下拉式面板导航
- 制作列表类栏目
  - 无序列表、有序列表
  - 盒子模型相关知识、浮动定位
- 设计图片列表版式
  - 无序列表、行内标签<span>
  - 盒子模型相关知识、清除浮动

课后习题

一、选择题

1. 使用 CSS3 样式移除<ul><li>列表前的项目符号的属性是（　　）。

   A. list-style-type:none　　　　　　B. visibility:hidden

   C. display:block　　　　　　　　　D. display:none

2. 在 CSS3 样式的<ul><li>标签中，使用（　　）属性可制作出垂直导航。

   A. display:none　　　　　　　　　B. display: block

   C. display: inline　　　　　　　　 D. list-style-type:none

3. 使用 CSS3 样式中的（　　）标签可以制作出 HTML5 列表导航。

   A. <button>　　　　　　　　　　 B. <ul><li>

   C. <span>　　　　　　　　　　　 D. <img>

4. 下列选择器中表示鼠标指针悬停在超链接上时的状态的是（　　）。

   A. a:link　　　　　　　　　　　　B. a:visited

   C. a:hover　　　　　　　　　　　 D. a:active

5. 在 CSS3 列表样式中用于设置图像位置的属性是（　　）。

   A. list-style-none　　　　　　　　　B. list-style-type

   C. list-style-image　　　　　　　　 D. list-style-position

二、填空题

1. 在 CSS3 的列表样式属性中，使用_____复合属性可以综合设置列表样式。

2. _____属性用于控制列表项目符号的位置，其取值有 inside 和 outside。

3. 网页中的列表通常分为三类，分别是_____、有序列表<ol>和定义列表<dl>。

4. CSS3 列表样式 list-style-type:disc 的类型为_____。

5. 使用无序列表制作横向导航，要将纵向排列的列表元素横向排列的关键属性是_____。

项目 7

利用 CSS3 美化表格和表单样式

● 项目描述

网页不仅可以利用盒子模型进行布局，也可以利用表格进行简单布局，表格非常适用于需要进行数据展示或者设置排行榜之类的网页。除表格外，网页中的注册、登录等内容可以用表单的形式呈现。本项目综合利用前面所学的 HTML5 和 CSS3 相关知识，并结合表格和表单相关知识，制作一个旅游论坛中的"景点排行榜"页面。

● 项目效果

知识目标

1. 掌握表格标签及常用属性的用法和意义。
2. 理解表格相关属性不同值的用法和意义。
3. 了解表单的构成及其不同的控件类型。
4. 掌握<input>标签不同属性的用法和意义。

技能目标

1. 能利用表格相关标签制作表格。
2. 能利用表格相关属性及不同属性值设计表格相关样式。
3. 能利用表单的不同控件及其相关属性制作不同需求的表单。
4. 能利用 CSS3 控制表单样式，制作出更精美的表单。

素质目标

1. 在学习网页制作的过程中，培养学生探索、创新、实践、协作的职业素养。
2. 通过学习编程，培养学生的信息素养和逻辑思维能力。

任务 1　设置表格的背景颜色

任务描述

把表格常用的标签及其描述用表格的形式在网页中体现出来，要求能看出常用表格标签的作用，并对表格设置合适的背景颜色，效果如图 7-1 所示。

图 7-1　任务 1 效果

任务实现

7-1.html

```
<!doctype html>
<html>
<head>
<meta charset="utf-8">
<title>设置表格的背景颜色</title>
<style type="text/css">
table {                                    /*设置表格的CSS3样式*/
    background-color:#81DAE9;              /*设置表格的背景颜色*/
    color:#3311E1;                         /*设置表格的字体颜色*/
}
</style>
</head>

<body>
<h3>表格标签</h3>
<table width="400" border="1">
    <tr>
        <th>标签</th>
        <th>描述</th>
    </tr>
    <tr>
        <td>&lt;table&gt;</td>   <!--&lt;和&gt;分别代表"<"和">"  -->
        <td>定义表格</td>
    </tr>
    <tr>
        <td>&lt;caption&gt;</td>
        <td>定义表格标题</td>
    </tr>
    <tr>
        <td>&lt;th&gt;</td>
        <td>定义表格中的表头单元格</td>
    </tr>
    <tr>
        <td>&lt;tr&gt;</td>
        <td>定义表格中的行</td>
```

```
        </tr>
        <tr>
            <td>&lt;td&gt;</td>
            <td>定义表格中的数据单元格</td>
        </tr>
        <tr>
            <td>&lt;thead&gt;</td>
            <td>定义表格中的表头内容</td>
        </tr>
        <tr>
            <td>&lt;tbody&gt;</td>
            <td>定义表格中的主体内容</td>
        </tr>
        <tr>
            <td>&lt;tfoot&gt;</td>
            <td>定义表格中的表注内容（脚注）</td>
        </tr>
        <tr>
            <td>&lt;col&gt;</td>
            <td>定义表格中一列或多列的属性值</td>
        </tr>
</table>
</body>
</html>
```

知识点拨

在 HTML5 中，使用<table>标签来定义表格。HTML5 中的表格和 Excel 中的表格是类似的，都包括行、列、单元格、表头等元素。通过学习该任务，读者可以熟悉常用表格标签的基本用法。

任务 2 设置表格的边框样式

任务描述

参照任务 1，对表格的外边框及单元格的边框进行边框样式设置，效果如图 7-2 所示。

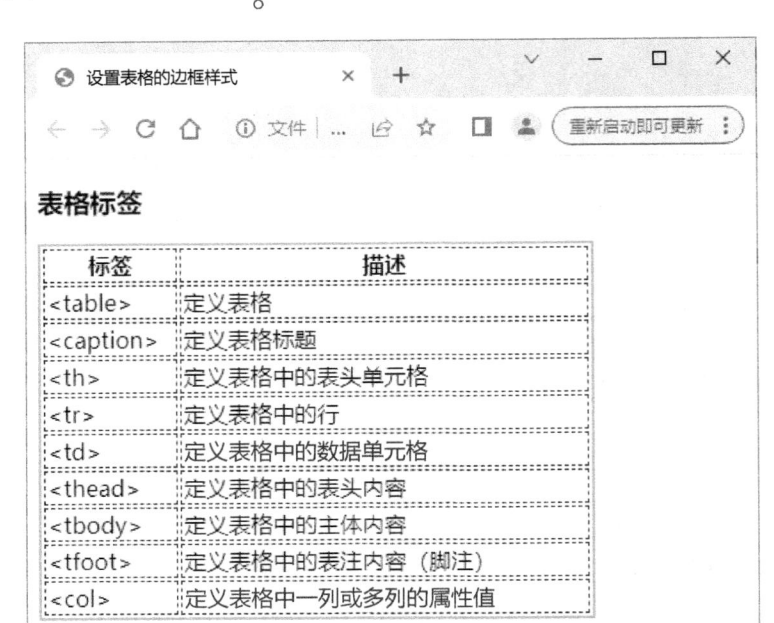

图 7-2　任务 2 效果

任务实现

7-2.html

```
<!doctype html>
<html>
<head>
<meta charset="utf-8">
<title>设置表格的边框样式</title>
<style type="text/css">
table {
    border:#11DA7B solid 2px;         /* 设置表格的外边框样式 */
}
th, td {
    border: blue dashed thin;         /* 设置单元格的边框样式 */
}
</style>
</head>

<body>
<h3>表格标签</h3>
<table width="400">
    <tr>
        <th>标签</th>
```

```html
        <th>描述</th>
    </tr>
    <tr>
        <td>&lt;table&gt;</td>
        <td>定义表格</td>
    </tr>
    <tr>
        <td>&lt;caption&gt;</td>
        <td>定义表格标题</td>
    </tr>
    <tr>
        <td>&lt;th&gt;</td>
        <td>定义表格中的表头单元格</td>
    </tr>
    <tr>
        <td>&lt;tr&gt;</td>
        <td>定义表格中的行</td>
    </tr>
    <tr>
        <td>&lt;td&gt;</td>
        <td>定义表格中的数据单元格</td>
    </tr>
    <tr>
        <td>&lt;thead&gt;</td>
        <td>定义表格中的表头内容</td>
    </tr>
    <tr>
        <td>&lt;tbody&gt;</td>
        <td>定义表格中的主体内容</td>
    </tr>
    <tr>
        <td>&lt;tfoot&gt;</td>
        <td>定义表格中的表注内容（脚注）</td>
    </tr>
    <tr>
        <td>&lt;col&gt;</td>
        <td>定义表格中一列或多列的属性值</td>
    </tr>
</table>
```

```
</body>
</html>
```

知识点拨

HTML5 表格边框设置是网页设计中常见的操作,表格的外观是我们需要考虑的一个问题,边框对表格的整体外观和美观性有着很大的影响。在 HTML5 中,可以使用 CSS3 样式来控制表格的边框。使用 CSS3 中的 border 属性可以设置表格整体的边框。该任务针对整张表格设置了外边框。

任务 3　设置单元格的边框样式

任务描述

在任务 2 设置的表格中,单元格出现了双重边框,这看上去不太美观,本任务先使用表格边框重叠属性(border-collapse)将边框合并,再使用 border 属性设置单元格的边框样式,效果如图 7-3 所示。

表格标签

标签	描述
<table>	定义表格
<caption>	定义表格标题
<th>	定义表格中的表头单元格
<tr>	定义表格中的行
<td>	定义表格中的数据单元格
<thead>	定义表格中的表头内容
<tbody>	定义表格中的主体内容
<tfoot>	定义表格中的表注内容(脚注)
<col>	定义表格中一列或多列的属性值

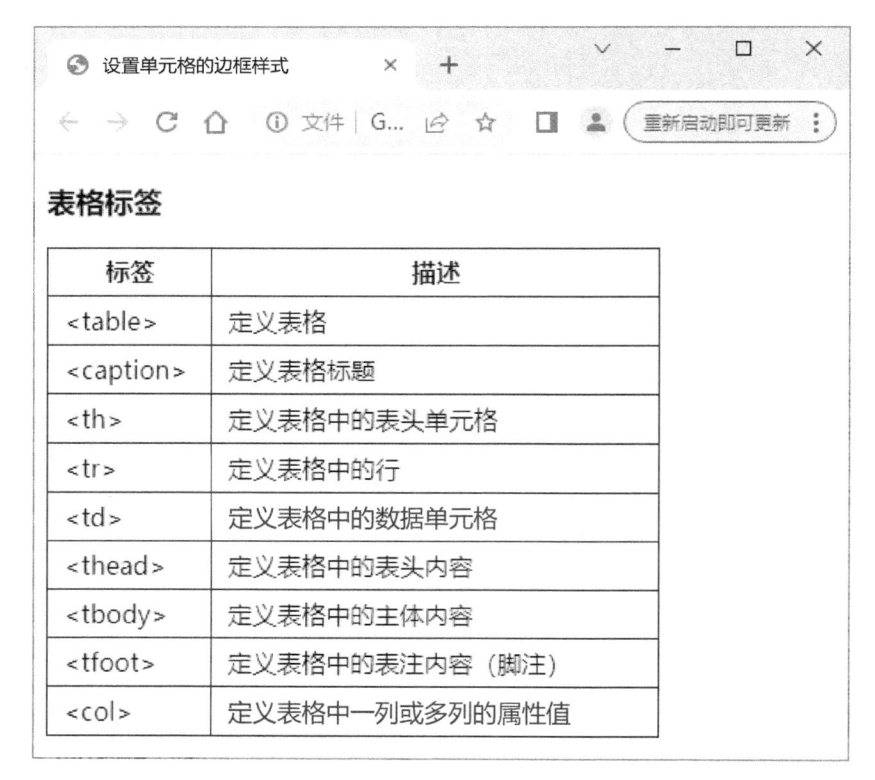

图 7-3　任务 3 效果

任务实现

7-3.html

```html
<!doctype html>
<html>
<head>
<meta charset="utf-8">
<title>设置单元格的边框样式</title>
<style type="text/css">
table {
    border-collapse:collapse;         /* 边框重叠属性*/
}
th, td {
    border: blue solid 1px;           /* 设置单元格的边框样式 */
    padding:5px 10px;
}
</style>
</head>

<body>
<h3>表格标签</h3>
<table width="400">
    <tr>
        <th>标签</th>
        <th>描述</th>
    </tr>
    <tr>
        <td>&lt;table&gt;</td>
        <td>定义表格</td>
    </tr>
    <tr>
        <td>&lt;caption&gt;</td>
        <td>定义表格标题</td>
    </tr>
    <tr>
        <td>&lt;th&gt;</td>
        <td>定义表格中的表头单元格</td>
    </tr>
    <tr>
```

```
        <td>&lt;tr&gt;</td>
        <td>定义表格中的行</td>
    </tr>
    <tr>
        <td>&lt;td&gt;</td>
        <td>定义表格中的数据单元格</td>
    </tr>
    <tr>
        <td>&lt;thead&gt;</td>
        <td>定义表格中的表头内容</td>
    </tr>
    <tr>
        <td>&lt;tbody&gt;</td>
        <td>定义表格中的主体内容</td>
    </tr>
    <tr>
        <td>&lt;tfoot&gt;</td>
        <td>定义表格中的表注内容（脚注）</td>
    </tr>
    <tr>
        <td>&lt;col&gt;</td>
        <td>定义表格中一列或多列的属性值</td>
    </tr>
</table>
</body>
</html>
```

知识点拨

1. border-collapse 属性

border-collapse 属性用于确定表格的边框是否被合并为单一的边框。border-collapse 属性值及其描述如表 7-1 所示。

表 7-1　border-collapse 属性值及其描述

属性值	描述
collapse	如果可能，表格边框会被合并为单一的边框。此时会忽略 border-spacing 和 empty-cells 属性
separate	默认值。边框会被分开。此时不会忽略 border-spacing 和 empty-cells 属性
inherit	规定从父元素继承 border-collapse 属性值

2. 设置表格单元格的边框样式

使用 CSS3 中的 border 属性可以设置单元格的边框样式。在该任务中，先使用 border-collapse 属性将表格边框合并为单一的边框，再使用 border 属性设置单元格的边框样式。

任务 4　设置表头的样式

任务描述

利用前面所学的表格相关知识，制作一张课程表，要求分别设置表格行标题和列标题的样式，效果如图 7-4 所示。

图 7-4　任务 4 效果

任务实现

7-4.html

```
<!doctype html>
<html>
```

```html
<head>
<meta charset="utf-8">
<title>设计课程表</title>
<style>
body {
    text-align:center;
    margin:50px;
}
table {
    border:6px double #3186dd;   /* 设置表格的边框样式 */
    font-family:Arial;
    border-collapse:collapse;    /* 边框重叠属性 */
}
.cap {                           /* 设置表格的标题样式 */
    line-height: 60px;
    font-size:30px;
    color:red;
}
table th {
    border:2px solid #F4855C;    /* 设置表头单元格的边框样式 */
    background-color:#d2e8ff;
    font-weight:bold;
    padding-top:4px;
    padding-bottom:4px;
    padding-left:10px;
    padding-right:10px;
    text-align:center;
}
table td {
    border:2px solid #F4855C;    /* 设置数据单元格的边框样式 */
    text-align:center;
    padding:4px;
}
</style>
</head>

<body>
<table>
    <caption class="cap" >
    课程表
```

```html
</caption>
<tr>
    <th></th>
    <th scope="col">星期一</th>
    <th scope="col">星期二</th>
    <th scope="col">星期三</th>
    <th scope="col">星期四</th>
    <th scope="col">星期五</th>
</tr>
<tr>
    <th scope="row">第一节</th>
    <td>语文</td>
    <td>数学</td>
    <td>语文</td>
    <td>数学</td>
    <td>英语</td>
</tr>
<tr>
    <th scope="row">第二节</th>
    <td>数学</td>
    <td>科学</td>
    <td>语文</td>
    <td>历史</td>
    <td>英语</td>
</tr>
<tr>
    <th scope="row">第三节</th>
    <td>数学</td>
    <td>语文</td>
    <td>语文</td>
    <td>美术</td>
    <td>音乐</td>
</tr>
<tr>
    <th scope="row">第四节</th>
    <td>信息</td>
    <td>地理</td>
    <td>历史</td>
    <td>英语</td>
```

```
            <td>数学</td>
        </tr>
        <tr>
            <th scope="row">第五节</th>
            <td>生物</td>
            <td>历史</td>
            <td>体育</td>
            <td>物理</td>
            <td>语文</td>
        </tr>
        <tr>
            <th scope="row">第六节</th>
            <td>科学</td>
            <td>数学</td>
            <td>历史</td>
            <td>英语</td>
            <td>地理</td>
        </tr>
        <tr>
            <th scope="row">第七节</th>
            <td>信息</td>
            <td>数学</td>
            <td>语文</td>
            <td>体育</td>
            <td>英语</td>
        </tr>
    </table>
</body>
</html>
```

知识点拨

<th>标签的 scope 属性提供了一种在表格中关联表头单元格与数据单元格的方式，用于指明一个单元格是一列、一行、一个列组还是一个行组的表头。该属性对普通 Web 浏览器中的网页可视效果没有影响，语法格式如下。

```
<th scope="value">
```

scope 属性值及其描述如表 7-2 所示。

表 7-2　scope 属性值及其描述

属性值	描述
col	指明单元格是一列的表头
row	指明单元格是一行的表头
colgroup	指明单元格是一个列组的表头
rowgroup	指明单元格是一个行组的表头

任务 5　制作网页通讯录

任务描述

利用前面所学的表格及 CSS3 相关知识，制作一个班干部通讯录，效果如图 7-5 所示。

图 7-5　任务 5 效果

任务实现

7-5.html

```
<!doctype html>
<html>
<head>
    <meta charset="utf-8">
    <title>班干部通讯录</title>
    <style type="text/css">
```

```css
table{
    width: 600px;
    margin: 0 auto;
    text-align: left;
    font-family:"微软雅黑";
    font-size: 12px;
    border-collapse: collapse;
}
table caption{
    line-height:50px;
    font-size:20px;
    color:#039;
}
table th{
    padding: 8px;
    font-size: 13px;
    color: #039;
    font-weight: normal;
    background: #b9c9fe;
    border-top: 4px solid #aabcfe;
    border-bottom: 1px solid #fff;
}
table td{
    padding: 8px;
    color: #669;
    background:#e8edff;
    border-bottom:1px solid #fff;
}
table tr:hover td{
    color: #339;
    background:#d0dafd;
}
    </style>
</head>
<body>
    <table width="700" border="0" cellspacing="0" cellpadding="0">
        <caption>班干部通讯录</caption>
        <tr>
            <th scope="col">姓名</th>
            <th scope="col">电话</th>
            <th scope="col">住址</th>
            <th scope="col">职务</th>
        </tr>
```

```html
        <tr>
            <td>王萌</td>
            <td>186××××2340</td>
            <td>金湾区幸福花园小区</td>
            <td>班长</td>
        </tr>
        <tr>
            <td>李勇</td>
            <td>135××××1376</td>
            <td>高新区大同路</td>
            <td>副班长</td>
        </tr>
        <tr>
            <td>张敏敏</td>
            <td>186××××7283</td>
            <td>香洲区凤凰花园小区</td>
            <td>团支书</td>
        </tr>
        <tr>
            <td>罗熙宇</td>
            <td>137××××3142</td>
            <td>湾仔康街花园小区</td>
            <td>生活委员</td>
        </tr>
    </table>
</body>
</html>
```

知识点拨

1. 对表格设置背景颜色

在 HTML5 中对表格设置背景颜色，一般使用 background-color 或 background 属性，其可以直接给表格单元格或整张表格设置背景颜色。该任务使用 background 属性分别对表头单元格、数据单元格及单元格鼠标指针悬停设置了背景颜色，使整张表格的外观更加美观。

2. cellpadding 和 cellspacing 属性

cellpadding 属性用于指定单元格内容与单元格边界之间的距离（内边距）。

cellspacing 属性用于指定单元格与单元格之间的距离。

任务 6　制作用户登录表单

任务描述

利用表单相关元素及属性，制作一个用户登录表单，效果如图 7-6 所示。

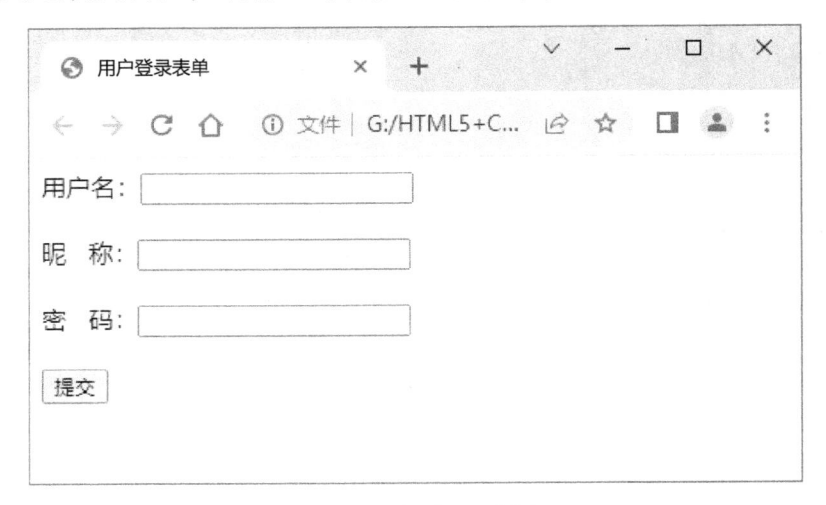

图 7-6　任务 6 效果

任务实现

7-6.html

```
<!doctype html>
<html>
<head>
<meta charset="utf-8">
<title>用户登录表单</title>
</head>
<body>
<form autocomplete="on" action="http://www.mysite.cn/index.asp" method="post">
用户名：<input type="text" name="admin"/><br/><br/>
昵   称：<input type="text" name="nicheng"/><br/><br/>
密   码：<input type="password" name="mima"><br/><br/>
<input type="submit" value="提交"/>
</form>
</body>
</html>
```

知识点拨

1. 表单域 form

在网页中,一个完整的表单通常由表单域、表单元素(控件)和提示信息三部分构成。form 就是整个表单的表单域。它相当于一个容器,用来容纳所有的表单元素和提示信息。

2. input 元素

input 元素用来收集用户的输入数据。它是最常见的一种表单元素,常用来定义表单中的单行文本框、单选按钮、复选框等。<input>标签具有多种输入类型及相关属性,具体描述如表 7-3 所示。

表 7-3 <input>标签的相关属性、属性值或单位及其描述

属性	属性值或单位	描述
type	text	单行文本框
	password	密码框
	radio	单选按钮
	checkbox	复选框
	button	普通按钮
	submit	提交按钮
	reset	重置按钮
	image	图像形式的提交按钮
	hidden	隐藏域
	file	文件域
	email	E-mail 的输入域
	url	URL 的输入域
	number	数值的输入域
	range	一定范围内数值的输入域
	Date pickers (date, month, week, time, datetime, datetime-local)	日期和时间的输入类型
	search	搜索域
	color	颜色输入类型
	tel	电话号码输入类型
value	value	规定 input 元素的值
height	px、%	定义输入字段的高度(适用于 type="image")
list	datalist-id	引用包含输入字段的预定义选项的 datalist
max	number、date	规定输入字段的最大值。 与 "min" 属性配合使用,用于创建合法值的范围

续表

属性	属性值或单位	描述
min	number、date	规定输入字段的最小值。 与"max"属性配合使用，用于创建合法值的范围
maxlength	number	规定输入字段中字符的最大长度
minlength	number	规定输入字段中所需的最小字符数
multiple	multiple	如果使用该属性，则允许使用一个以上的值，比如在 email 中输入多个电子邮箱，中间用逗号隔开
name	field_name	定义 input 元素的名称
pattern	字符串	规定输入字段值的模式或格式。 例如，pattern="[0-9]" 表示输入字段值必须是 0~9 的数字
placeholder	text	指定帮助用户填写输入字段的提示
readonly	readonly	指定输入字段为只读的
required	required	指示输入字段值是必需的
size	number_of_char	定义输入字段的宽度
src	URL	定义以提交按钮形式显示的图像的 URL
step	number	规定输入字段值的合法数字间隔
width	px、%	定义输入字段的宽度（适用于 type="image"）

3. 表单属性

在 HTML5 中，表单拥有多个属性，通过设置表单属性可以实现自动完成、表单验证等不同的表单功能。<form>标签常用的属性、属性值及其描述如表 7-4 所示。

表 7-4 <form>标签常用的属性、属性值及其描述

属性	属性值	描述
action	URL	规定当提交表单时向何处发送表单数据
method	get、post	规定用于发送表单数据的 HTTP 方法
autocomplete	on、off	规定是否启用表单的自动完成功能
name	form_name	定义表单的名称
novalidate	novalidate	如果使用该属性，则提交表单时不进行验证

在该任务中，form 表单的 action 属性用于指定接收并处理表单数据的服务器程序的 URL，即 http://www.mysite.cn/index.asp（目前该网页为静态网页，暂时打不开）。form 表单的 method 属性值为"post"，此时浏览器首先与 action 属性中指定的表单数据处理服务器建立连接，然后按分段传输的方法将数据发送给服务器，它的保密性好，并且无数据量的限制，可以提交大量数据。method 属性一般默认取值为"get"，此时浏览器首先与表单数据处理服务器建立连接，然后直接在一个传输步骤中发送所有的表单数据，采用这种方法提交的表单数据将显示在浏览器的地址栏中，保密性差。form 表单的 autocomplete 属性取值为"on"，说明表单的

自动完成功能已开启，当用户首次输入用户名时，该用户名会被记录下来，当再次输入用户名时，表单会将输入的历史记录显示在一个下拉列表中，以实现自动完成输入，效果如图 7-7 所示。

图 7-7　表单自动完成功能的效果

任务 7　制作并美化用户注册表单

任务描述

利用前面学过的 CSS3 及表单基础知识，制作一个用户注册表单并对其进行美化，效果如图 7-8 所示。

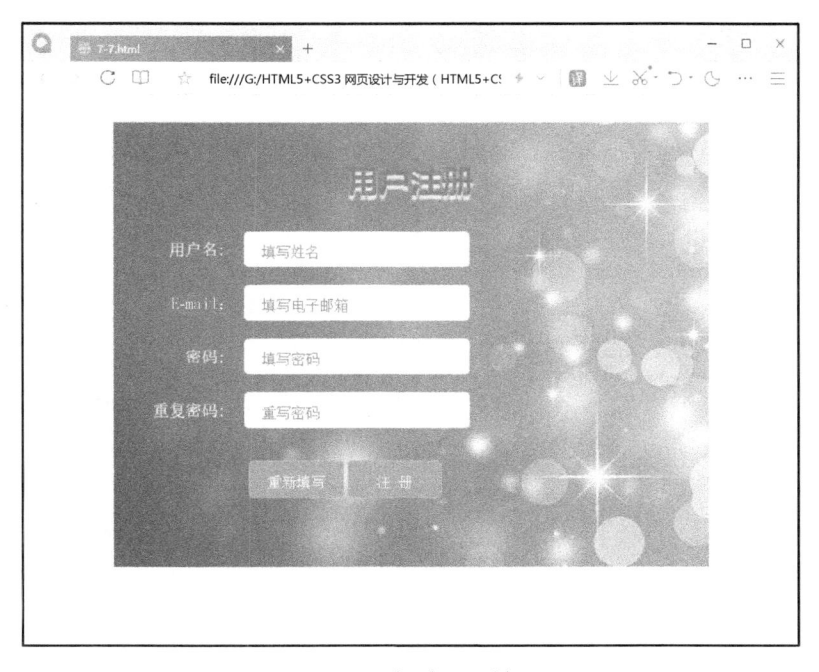

图 7-8　任务 7 效果

任务实现

7-7.html

```html
<!doctype html>
<html>
<head>
<meta charset="utf-8">
<title></title>
<style>
body, div, h1, form, fieldset, input{
    margin: 0;
    padding: 0;
    border: 0;
    outline: none;
}
html {
    height: 100%;
}
body {
    font-family:"微软雅黑";
    margin-bottom: 20px;
    padding-bottom: 40px;
}
#container {
    width: 600px;
    margin: 30px auto;
    padding: 40px 30px;
    background-image:url("images/beijing.jpeg");
    border: 1px solid #e1e1e1;
}
h1 {
    font-size: 35px;
    color:#087FD5;
    text-align: center;
    margin: 0 0 35px 0;
    text-shadow: 0px 5px 2px #f2f2f2;
}
label {
    float: left;
    clear: left;
```

```css
    margin: 11px 20px 0 0;
    width: 95px;
    text-align: right;
    font-size: 18px;
    font-family: 宋体;
    color:#FFF;
}
input {
    width: 210px;
    height: 35px;
    padding: 5px 20px 0px 20px;
    margin: 0 0 20px 0;
    border-radius: 5px;
    font-family: 宋体;
    font-size: 16px;
    color: #FFF;
}
p {
    margin-left: 120px;
}
input[type=submit] {
    width: 105px;
    height: 42px;
    border: 1px solid #5ebab7;
    cursor: pointer;
    color: #fff;
    background-color:#27B0F6;
}
input[type=submit]:hover{
    background-color:#588EF0;
    }
</style>
</head>
<body>
<div id="container">
    <h1>用户注册</h1>
    <form >
        <fieldset>
            <label for="name">用户名：</label>
            <input type="text" id="name" placeholder="填写姓名">
            <label for="email">E-mail：</label>
```

```html
            <input type="email" id="email" placeholder="填写电子邮箱">
            <label for="password">密码: </label>
            <input type="password" id="password" placeholder="填写密码">
            <label for="password">重复密码: </label>
            <input type="password" id="password" placeholder="重写密码">
            <p>
                <input type="submit" value="重新填写">
                <input type="submit" value="注 册">
            </p>
        </fieldset>
    </form>
</div>
</body>
</html>
```

知识点拨

1. placeholder 属性

placeholder 属性可描述输入字段预期值的简短提示信息（比如一个样本值或者预期格式的简短描述）。该提示会在用户输入值之前显示在输入字段中。

注意：placeholder 属性适用于下面的 input 类型：text、search、url、tel、email 和 password。

2. <fieldset>标签

<fieldset>标签可以将表单内的相关元素分组。其会在相关表单元素周围绘制边框。

3. <label>标签

<label>标签用于关联表单控件和标签文本，提高可访问性，并允许自定义样式和布局。<label>标签应与 for 属性结合使用，为每个表单元素提供唯一的 id 属性值和相应的 for 属性值。

任务 8　制作并美化用户信息注册表单

任务描述

利用表单中的 input、textarea 及 select 等元素，并综合利用前面学过的 CSS3 相关知识，制作一个心康用户信息注册表单并对其进行简要美化和布局，效果如图 7-9 所示。

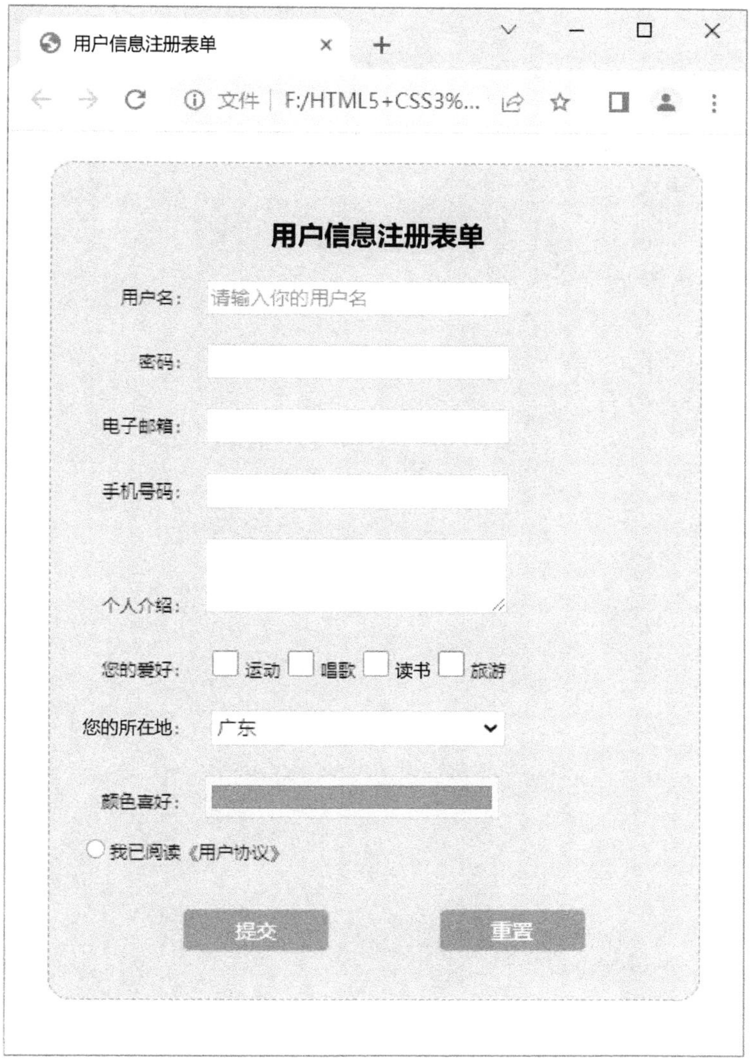

图 7-9 任务 8 效果

任务实现

7-8.html

```
<!doctype html>
<html>
<head>
<meta charset="utf-8">
<title>用户信息注册表单</title>
<style type="text/css">
body{
    font-size:12px;
    font-family:"微软雅黑";
```

```css
}
form{
    width:400px;
    margin: 20px auto;
    border: 1px dashed #22ADF0;
    border-radius: 15px;
    padding: 20px;
    background-color: #F5D4D5;
}
h2{
    text-align:center;
    margin:16px 0;
}
p{margin-top:20px;}
p span{
    width:75px;
    display:inline-block;
    text-align:right;
    padding-right:10px;
}
p input{
    width:200px;
    height:18px;
    border:1px solid #d4cdba;
    padding:2px;
}
p textarea{
    border:1px solid #d4cdba;
    padding:2px;
}
.hobby input{
    width:20px;
}
p select{
    width: 200px;
    height:25px;
    border:1px solid #d4cdba;
    }
.color input{
    width:200px;
    height: 30px;
```

```css
}
.btn input{
    width:100px;
    height:30px;
    background: #22ADF0;
    margin-top:10px;
    margin-left:70px;
    border-radius:5px;
    font-size:14px;
    font-family:"微软雅黑";
    color:#fff;
}
</style>
</head>
<body>
    <form action="#" method="get" autocomplete="off">
    <h2>用户信息注册表单</h2>
    <p><span>用户名：</span><input type="text" placeholder="请输入你的用户名" required/></p>
    <p><span>密码：</span><input type="password" name="password" required /></p>
    <p><span>电子邮箱：</span><input type="email" name="myemail" required/></p>
    <p><span>手机号码：</span><input type="tel" name="telphone" pattern="^\d{11}$" required/></p>
    <p><span>个人介绍：</span><textarea cols="26" rows="3" maxlength="50"></textarea></p>
    <p class="hobby"><span>您的爱好：</span><input type="checkbox" />运动<input type="checkbox" />唱歌<input type="checkbox" />读书<input type="checkbox" />旅游</p>
    <p><span>您的所在地：</span>
      <select>
      <option>广东</option>
      <option>上海</option>
      <option>北京</option>
      </select>
    </p>
    <p class="color"><span>颜色喜好：</span><input type="color" value="#22ADF0"/></p>
    <input type="radio">我已阅读《用户协议》
    <p class="btn">
    <input type="submit" value="提交"/>
    <input type="reset" value="重置"/>
    </p>
    </form>
```

```
</body>
</html>
```

知识点拨

1. 多行文本框

多行文本框允许用户输入多行内容，格式为<textarea></textarea>。通过<textarea>标签的"cols"和"rows"属性可设置多行文本框的尺寸。<textarea>标签常用的属性及其描述如表7-5所示。

表 7-5 <textarea>标签常用的属性及其描述

属性	描述
rows	设置或返回多行文本框的高度（行数）
cols	设置或返回多行文本框的宽度（列数）
disabled	设置多行文本框是否被禁用
maxlength	设置多行文本框可以输入的最大字符数
name	设置或返回多行文本框的名称
placeholder	设置或返回 placeholder 属性值
readonly	设置多行文本框是否是只读的
required	设置多行文本框是否必须输入内容
value	设置或返回在多行文本框中输入的文本

2. 单选按钮与复选框

input 元素中的 radio 和 checkbox 类型分别表示单选按钮和复选框。<radio>与<checkbox>标签常用的属性及其描述如表 7-6 所示。

表 7-6 <radio>与<checkbox>标签常用的属性及其描述

属性	描述
name	单选按钮（radio）、复选框（checkbox）的名称
value	单选按钮（radio）、复选框（checkbox）进行数据传递时的选项值
checked	默认选择该选项

3. 下拉列表

在浏览网页时，经常会看到包含多个选项的下拉列表，这种效果可用 select 元素实现。select 元素中的 option 元素定义了下拉列表中的可选项。select 元素的基本语法格式如下。

```
<select>
    <option>选项 1</option>
```

```
    <option>选项 2</option>
    <option>选项 3</option>
     ......
</select>
```

在 HTML5 中，可以为<select>和<option>标签定义属性，以改变下拉列表的外观效果，其常用的属性如表 7-7 所示。

表 7-7 <select>和<option>标签常用的属性及其描述

标签名	属性	描述
<select>	multiple	当该属性值为 true 时，可选择多个选项
	size	规定下拉列表中可显示的选项数目
<option>	selected	当前项即为默认选中项
	value	选项被选中后进行数据传递时的值

4．知识补充：datalist 元素

HTML5 表单中的 datalist 元素可以在用户输入文本时弹出预留的可选数据。datalist 元素需要配合 input 元素的 list 属性使用，通过让 list 属性值等于 datalist 元素的 id 属性值来绑定下拉列表与文本框。例如：

```
<form action="#" method="post">
请输入用户名：<input type="text" list="namelist"/>
<datalist id="namelist">
    <option>zhangyang</option>
    <option>liuhao</option>
    <option>liying</option>
</datalist>
<input type="submit" value="提交" />
</form>
```

代码运行结果如图 7-10 所示。

图 7-10 datalist 元素实现的效果

项目实战　制作"景点排行榜"页面

项目分析

1. 结构分析

根据本项目效果可以看出,网页由一张表格构成,可以对表格的每行内容按单元格分别进行布局,并在表头结合表单的内容进行设计与布局。

2. 样式分析

通过本项目效果可以看出,网页的样式设计包含整张表格的整体样式设计及表格中不同单元格的样式设计,对于样式类似的行,可利用并集选择器一次性设计相关样式代码。这些内容基本上集合了盒子模型的相关属性设置及一些字体样式的设置,是对 CSS3 样式的一次综合利用。

项目实施

1. 搭建网页结构

根据分析,使用 HTML5 标签搭建网页结构,参考代码如下。

index.html

```html
<!doctype html>
<html>
<head>
    <meta charset="utf-8">
    <title>景点排行榜</title>
    <link href="style.css" rel="stylesheet" type="text/css">
</head>
<body>
    <table width="850" cellspacing="0" cellpadding="0">
        <tr>
            <th colspan="4" scope="col">
                <h2>欢迎来到旅游论坛</h2>
                <img src="images/add-list.gif" width="16" height="16" alt=""/>
                <input type="button" value="登录">
```

```html
            <input type="button" value="注册">
        </th>
    </tr>
    <tr class="caption">
        <td colspan="4">珠海热门景点排行榜</td>
    </tr>
    <tr class="head">
        <td width="73" height="29">排名</td>
        <td width="262" class="keyword">关键词</td>
        <td width="244">相关链接</td>
        <td width="269">搜索指数</td>
    </tr>
    <tr class="topthree">
        <td><span class="num-top">1</span></td>
        <td class="keyword"> <a href="#" >长隆海洋王国</a></td>
        <td>
            <a href="#">景点简介</a>
            <a href="#">旅游攻略</a>
            <a href="#">美图欣赏</a>
        </td>
        <td><span class="searchnum">29846</span></td>
    </tr>
    <tr class="text">
        <td colspan="4">
            <img src="images/changlong.jpg" width="80" alt=""/>
            <p><a href="#">长隆海洋王国由海豚湾、海洋奇观、雨林飞翔、极地探险、海象山、英雄岛、横琴海、海洋大街8个分区组成，汇集海洋动物、大型演艺、游乐设施。雨林飞翔以惊险刺激为主；海洋奇观以娱乐观赏为主；英雄岛适合儿童游乐及合家游玩；海豚湾以海豚观赏为主；极地探险以冰雪设计为主；海象山以水为主题；横琴海以表演为主；海洋大街以迎宾、观光、购物休闲为主……</a></p>
        </td>
    </tr>
    <tr class="topthree">
        <td><span class="num-top">2</span></td>
        <td class="keyword"> <a href="#" >情侣路</a></td>
        <td>
            <a href="#">景点简介</a>
            <a href="#">旅游攻略</a>
            <a href="#">美图欣赏</a>
        </td>
        <td><span class="searchnum">26248</span></td>
```

```html
        </tr>
        <tr class="text">
            <td colspan="4">
                <img src="images/lu.jpg" width="80" alt=""/>
                <p><a href="#">情侣路是广东省珠海市香洲区境内的城市主干路,位于珠江口沿岸。情侣路从拱北到金鼎与广州—澳门高速公路相连，分为情侣南路、情侣中路、情侣北路，从唐家经银坑、香洲、拱北直到湾仔，贯通东部城区南北，即唐家（情侣北路）—野狸岛周边（情侣中路）—拱北（情侣南路）—湾仔，情侣路不仅成了珠海的名片，也成了中国很多海滨城市竞相模仿的建设典范。全长 28 千米的情侣路，成为珠海浪漫之城的代表、珠海的城市名片，提升了珠海城市的知名度……</a></p>
            </td>
        </tr>
        <tr class="topthree">
            <td><span class="num-top">3</span></td>
            <td class="keyword"> <a href="#" >珠海大剧院</a></td>
            <td>
                <a  href="#">景点简介</a>
                <a  href="#">旅游攻略</a>
                <a  href="#">美图欣赏</a>
            </td>
            <td><span class="searchnum">17613</span></td>
        </tr>
        <tr class="text">
            <td colspan="4">
                <img src="images/bei.jpeg" width="80" alt=""/>
                <p><a href="#">珠海大剧院（Zhuhai Grand Theater）位于广东省珠海市情侣路野狸岛海滨，是中国唯一建设在海岛上的歌剧院。珠海大剧院由一大一小两组"贝壳"组成，构成了歌剧院的整体形象，因此被称为"日月贝"，白天呈现半通透效果，一到夜晚则像月光一样晶莹剔透。"珠生于贝，贝生于海"，诠释的是珠海在中国率先拥抱海洋文明的富有历史文化沉淀的城市精神特质……</a></p>
            </td>
        </tr>
        <tr class="list">
            <td><span class="num-normal">4</span></td>
            <td class="keyword"> <a href="#" >外伶仃岛</a></td>
            <td>
                <a  href="#">景点简介</a>
                <a  href="#">旅游攻略</a>
                <a  href="#">美图欣赏</a>
            </td>
            <td><span class="searchnum">14365</span></td>
        </tr>
```

```html
<tr class="list">
    <td><span class="num-normal">5</span></td>
    <td class="keyword"> <a href="#" >澳门环岛游</a></td>
    <td>
        <a href="#">景点简介</a>
        <a href="#">旅游攻略</a>
        <a href="#">美图欣赏</a>
    </td>
    <td><span class="searchnum">12713</span></td>
</tr>
<tr class="list">
    <td><span class="num-normal">6</span></td>
    <td class="keyword"> <a href="#" >圆明新园</a></td>
    <td>
        <a href="#">景点简介</a>
        <a href="#">旅游攻略</a>
        <a href="#">美图欣赏</a>
    </td>
    <td><span class="searchnum">7923</span></td>
</tr>
<tr class="list">
    <td><span class="num-normal">7</span></td>
    <td class="keyword"> <a href="#" >港珠澳大桥</a></td>
    <td>
        <a href="#">景点简介</a>
        <a href="#">旅游攻略</a>
        <a href="#">美图欣赏</a>
    </td>
    <td><span class="searchnum">6854</span></td>
</tr>
<tr class="list">
    <td><span class="num-normal">8</span></td>
    <td class="keyword"> <a href="#" >东澳岛</a></td>
    <td>
        <a href="#">景点简介</a>
        <a href="#">旅游攻略</a>
        <a href="#">美图欣赏</a>
    </td>
    <td><span class="searchnum">5469</span></td>
</tr>
```

```
    </table>
</body>
</html>
```

2. 定义网页 CSS3 样式

搭建完网页结构后,接下来为网页添加 CSS3 样式,参考代码如下。

style.css

```css
@charset "utf-8";
/* CSS Document */
body,table,tr,th,td,h2,img,span,a,p{
    margin:0;
    padding:0;
}
table{
    width:850px;
    margin:10px auto;
    font-family:"微软雅黑";
    font-weight:normal;
    border:1px solid #ccc;
    border-collapse: collapse;
}
table tr th{
    background:url(images/bg-1.gif) repeat-x;
}
table tr th h2{
    float:left;
    height:32px;
    margin-left:10px;
    font-size:14px;
    color:#272727;
    line-height:32px;
}
th input{
    float: right;
    margin-left:15px;
    margin-right: 10px;
    margin-top: 5px;
    background: #A7CBF6;
    border-radius: 5px;
```

```css
    border-color: #C7C5C5;
}
table tr th img{
    float:left;
    margin-left:5px;
    padding-top:8px;
}
table .caption{
    text-align: center;
    line-height: 30px;
    font-size: 14px;
    font-weight: bold;
}
table .head td{
    font-size:13px;
    color:#808080;
    text-align:center;
    background:#f7f7f7;
}
table .head .keyword,table .topthree .keyword,table .list .keyword{
    text-align:left;
}
table .topthree,table .list{
    height:28px;
}
table .topthree td,table .list td{
    text-align:center;
}
table .topthree td a,table .list td a{
    font-size:12px;
    color:#2464b2;
    text-decoration:none;
}
table .topthree td a:hover,table .text td a:hover,tabled.list td a:hover{
    text-decoration:underline;
}
table tr td .num-top{
    display:block;
    float:left;
    width:12px;
```

```css
    height:11px;
    margin-left:20px;
    font-size:10px;
    color:#fff;
    text-align:center;
    line-height:10px;
    background:#F23D7C;
    border:1px solid #DD2464;
}
table .text{
    background:#FFFbff;
    border-top:1px solid #ccc;
    border-bottom:1px solid #CCC;
}
table .text td a{
    text-decoration:none;
    font-family:"微软雅黑";
    font-size:13px;
    font-weight:none;
    color:#666;
}
table .text td img{
    float:left;
    margin:15px;
    border:#E6E6E6 1px solid;
}
table .text td p{
    margin:15px;
}
table tr td .searchnum{
    font-size:12px;
    color:#333;
}
table .list{
    border-bottom:1px dotted #CCC;
}
table .list td .num-normal{
    display:block;
    float:left;
    width:12px;
```

```
height:11px;
margin-left:20px;
font-size:10px;
color:#fff;
text-align:center;
line-height:10px;
background:#999;
border:1px solid #666;
}
```

项目小结

本项目综合利用表格和表单的相关元素及不同属性，以及 CSS3 样式对表格及表单进行相关布局与美化，制作了一个"景点排行榜"页面。

拓展任务

根据本项目所学的表格和表单知识，采用表格布局，制作一个"信息验证表单"页面，并适当利用 CSS3 设计相关样式。制作完成后的效果如图 7-11 所示。

图 7-11 拓展任务效果

知识小结

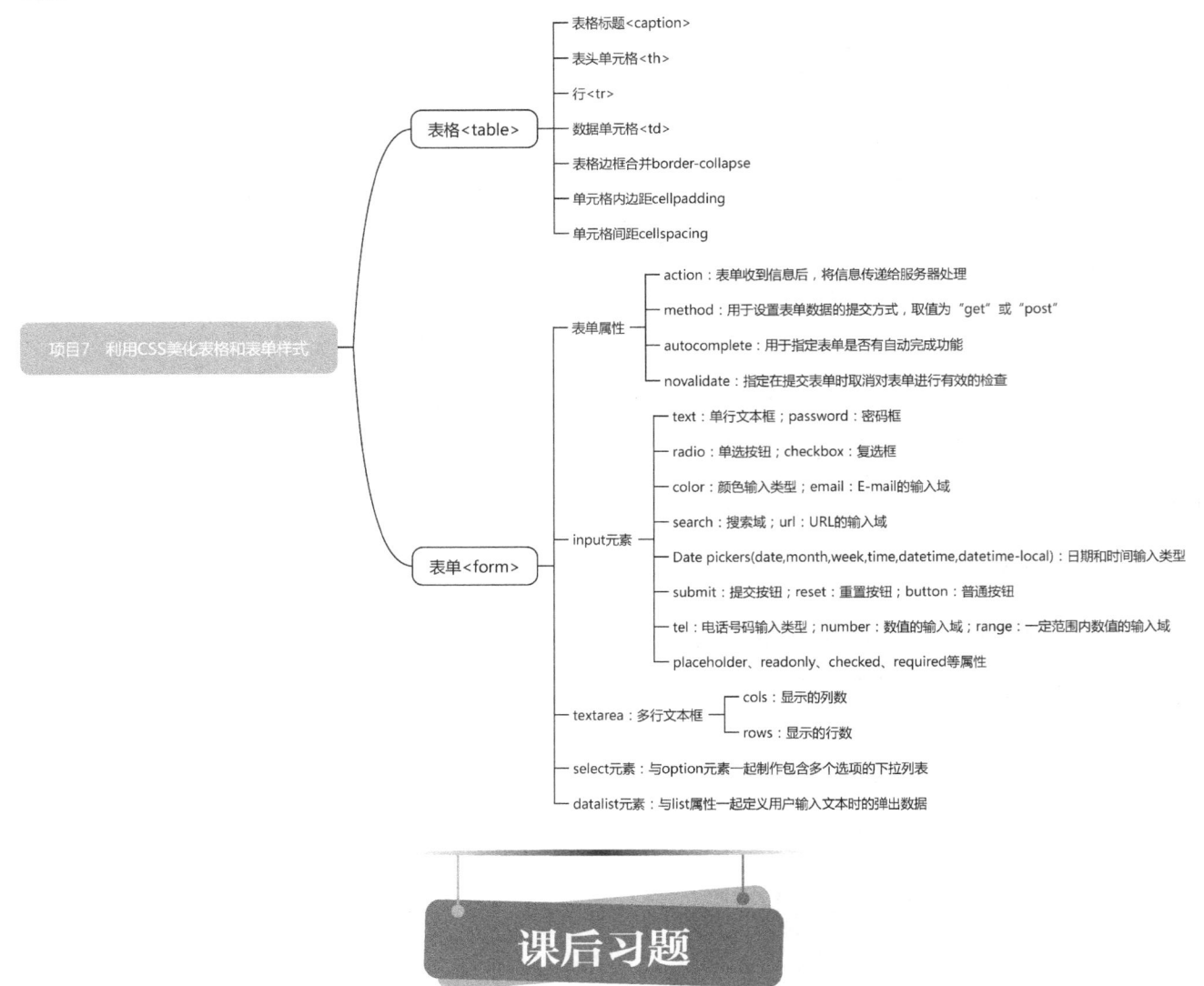

项目7：利用CSS美化表格和表单样式

- 表格 `<table>`
  - 表格标题 `<caption>`
  - 表头单元格 `<th>`
  - 行 `<tr>`
  - 数据单元格 `<td>`
  - 表格边框合并 border-collapse
  - 单元格内边距 cellpadding
  - 单元格间距 cellspacing

- 表单 `<form>`
  - 表单属性
    - action：表单收到信息后，将信息传递给服务器处理
    - method：用于设置表单数据的提交方式，取值为 "get" 或 "post"
    - autocomplete：用于指定表单是否有自动完成功能
    - novalidate：指定在提交表单时取消对表单进行有效的检查
  - input元素
    - text：单行文本框；password：密码框
    - radio：单选按钮；checkbox：复选框
    - color：颜色输入类型；email：E-mail的输入域
    - search：搜索域；url：URL的输入域
    - Date pickers(date,month,week,time,datetime,datetime-local)：日期和时间输入类型
    - submit：提交按钮；reset：重置按钮；button：普通按钮
    - tel：电话号码输入类型；number：数值的输入域；range：一定范围内数值的输入域
    - placeholder、readonly、checked、required等属性
  - textarea：多行文本框
    - cols：显示的列数
    - rows：显示的行数
  - select元素：与option元素一起制作包含多个选项的下拉列表
  - datalist元素：与list属性一起定义用户输入文本时的弹出数据

课后习题

一、选择题

1. 在下列选项中，用来设置表格标题的是（   ）。

   A. height　　　　　　　　　　B. align

   C. caption　　　　　　　　　　D. background

2. 在下列属性中，用来设置单元格横跨列数的是（   ）。

   A. width　　　　　　　　　　B. bgcolor

   C. rowspan　　　　　　　　　D. colspan

3. "table{border:1px solid red;}" 代码的作用是（   ）。

   A. 设置表格的边框为 1px 的红色实线

   B. 设置单元格的边框为 1px 的红色实线

C. 设置表格的边框为 1px 的红色虚线

D. 设置单元格的边框为 1px 的红色虚线

4. 在下面的代码中，可以设置单元格宽度的是（　　）。

A. td{width:50px;} B. td{height:50px;}

C. td{line-height:50px;} D. td{font-size:50px;}

5. 在下列选项中，用来定义下拉列表的是（　　）。

A. <input /> B. <textarea></textarea>

C. <select></select> D. <form>

6. 在下列选项中，不属于<td>标签属性的是（　　）。

A. cospan B. width

C. float D. rowspan

7. 使用 CSS3 设置表格高度的属性是（　　）。

A. height B. length

C. width D. align

8. 使用 CSS3 设置单元格文本对齐的属性是（　　）。

A. size B. border

C. font D. text-align

9. <input>标签用作给用户输入电子邮件的文本框时，需设置属性（　　）。

A. type="color" B. type="email"

C. type="search" D. type="url"

10. form 元素的含义是（　　）。

A. 一个 HTML5 表单，其中包含一个或多个表单元素

B. input 元素定义的标注（标记）

C. 一个多行文本输入控件

D. 一个下拉菜单或列表

二、填空题

1. 在 HTML5 中，创建表格需要使用＿＿＿＿＿＿标签、<tr>标签和<td>标签。

2. 在 HTML5 中，＿＿＿＿＿＿标签用于设置表格的表头单元格。

3. 当<input>标签用作给用户输入电话号码的文本框时，需设置 type 属性值为＿＿＿＿＿＿＿＿。

4. 在表格标签中，＿＿＿＿＿＿属性用于将单元格的边框合并。

5. 当<input>标签用作密码框时，需设置 type 属性值为＿＿＿＿＿＿。

项目 8

利用 CSS3 制作网页特效

● **项目描述**

前面的项目制作的网页基本是静态效果，在传统网页设计中，一般使用 JavaScript 脚本或者 Flash 来制作网页动态特效，而 CSS3 提供了对动画的强大支持，可以实现变形、过渡、动画等效果，大大降低了制作网页特效的难度。本项目利用 CSS3 的这些功能制作一个"旋转的 3D 相册"页面。

● **项目效果**

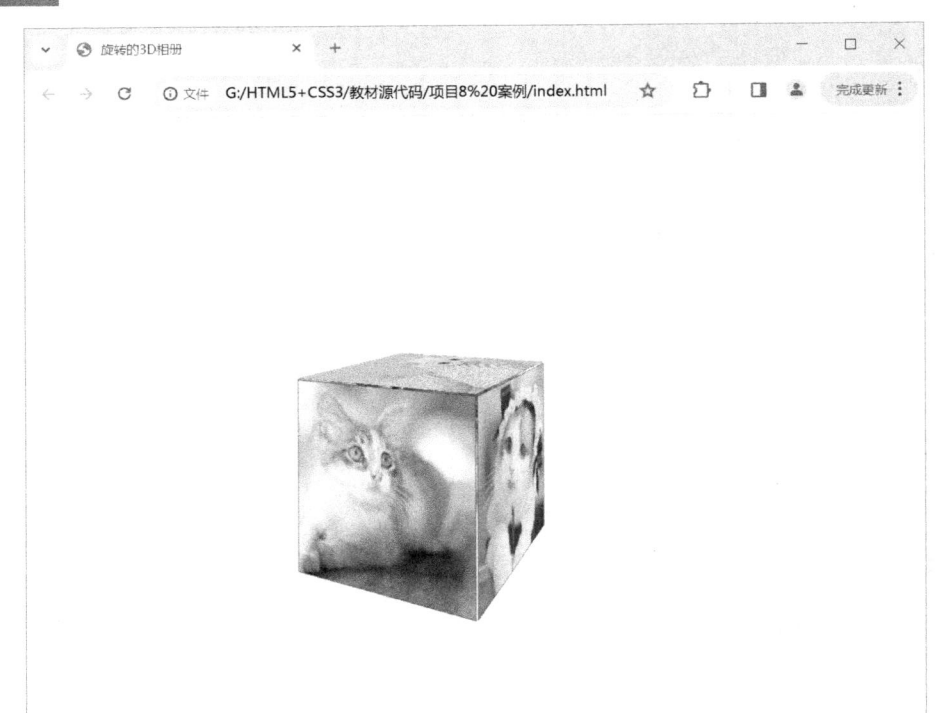

项目 8　利用 CSS3 制作网页特效

知识目标

1. 理解并掌握 transform（变形）属性的用法和意义。
2. 掌握 transition（过渡）属性的用法和意义。
3. 掌握 animation（动画）属性及属性对应的不同属性值的用法和意义。

技能目标

1. 能熟练利用 transform 属性制作元素的变形效果。
2. 能熟练利用 transition 属性制作元素的过渡效果。
3. 能利用 animation 属性制作元素的动画效果。

素质目标

1. 在网页内容中融入思想政治内容，注重加强对学生的世界观、人生观和价值观的教育。
2. 在学习网页制作的过程中，培养学生探索、创新、实践、协作的职业素养。
3. 通过学习编程，培养学生的信息素养和逻辑思维能力。

任务 1　定义平移效果

任务描述

利用 CSS3 中 transform 属性的 translate() 方法定义盒子模型移动后的坐标，实现元素平移效果。平移后的效果如图 8-1 所示。

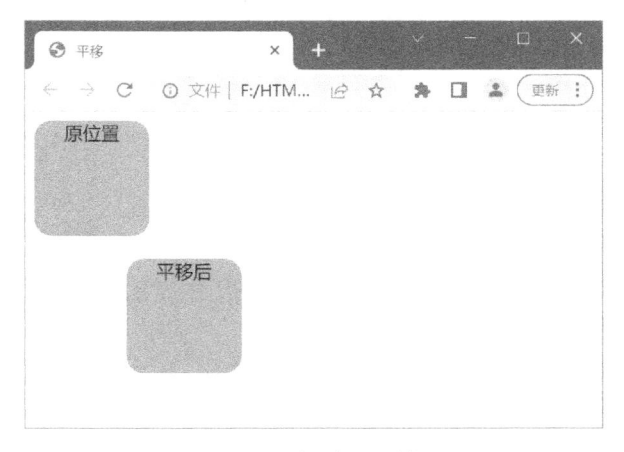

图 8-1　任务 1 效果

任务实现

8-1.html

```html
<!doctype html>
<html>
<head>
<meta charset="utf-8">
<title>平移</title>
<style type="text/css">
div{
    width:100px;
    height:100px;
    background-color:#74AEF2;
    border-radius: 15px;
    text-align: center;
}
#div2{
    transform:translate(80px,20px);
    -ms-transform:translate(80px,20px);         /* IE9 浏览器兼容代码 */
    -webkit-transform:translate(80px,20px);     /*Safari 和 Chrome 浏览器兼容代码*/
    -moz-transform:translate(80px,20px);        /*Firefox 浏览器兼容代码*/
    -o-transform:translate(80px,20px);          /*Opera 浏览器兼容代码*/
}
</style>
</head>
<body>
<div>原位置</div>
<div id="div2">平移后</div>
</body>
</html>
```

知识点拨

1. transform

transform 是 CSS3 新增的属性，可以实现元素的变形效果，如平移、倾斜、缩放及旋转等。

2. translate()方法

translate()方法能够重新定义元素的坐标，实现平移效果，该方法包含两个参数，分别用于定义 X 轴和 Y 轴坐标，基本语法格式如下。

```
transform:translate(x-value,y-value);
```

在上面的语法格式中，x-value 用于指定元素在水平方向上移动的距离，y-value 用于指定元素在垂直方向上移动的距离，第二个参数可省略，省略后取默认值 0。当值为负数时，表示元素向反方向移动。

任务 2　定义缩放效果

任务描述

利用 CSS3 中 transform 属性的 scale() 方法实现盒子模型放大 1.5 倍的效果。原效果和放大 1.5 倍后的效果分别如图 8-2 和图 8-3 所示。

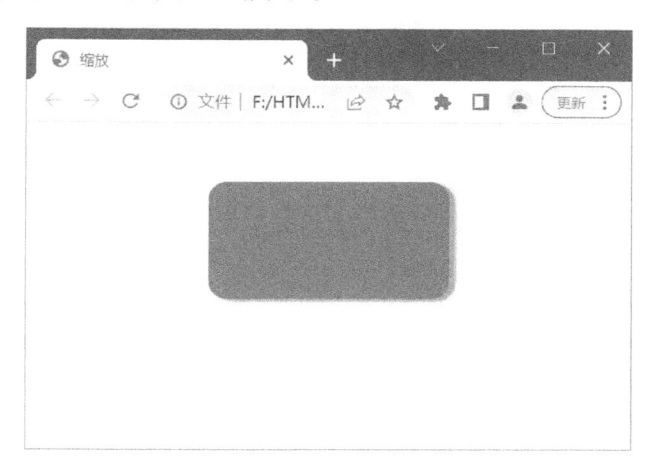

图 8-2　原效果

图 8-3　放大 1.5 倍后的效果

任务实现

8-2.html

```
<!doctype html>
<html>
<head>
<meta charset="utf-8">
<title>缩放</title>
<style type="text/css">
div {
    margin: 50px auto;
    width: 200px;
    height: 100px;
    background:#1F7FE8;
    border-radius: 15px;
    box-shadow:5px 2px 2px #999;
}
div:hover {
    /*定义动画的状态 */
    /*设置鼠标指针悬停时放大1.5倍显示*/
    -webkit-transform: scale(1.5);
    -moz-transform: scale(1.5);
    -o-transform: scale(1.5);
    transform: scale(1.5);
}
</style>
</head>
<body>
<div></div>
</body>
</html>
```

知识点拨

在CSS3中，可以利用transform属性的scale()方法实现元素的缩放效果，缩放是"缩小"和"放大"的意思。scale()方法与translate()方法类似，用法如下。

（1）scaleX(x)：元素仅在水平方向上缩放（X轴缩放）。

（2）scaleY(y)：元素仅在垂直方向上缩放（Y轴缩放）。

（3）scale(x,y)：元素在水平方向和垂直方向上同时缩放（X轴和Y轴同时缩放）。若只有一个参数值,则表示元素将同时等比例缩放。

其中,参数 x 表示元素在水平方向上的缩放倍数,参数 y 表示元素在垂直方向上的缩放倍数。

任务 3　定义倾斜效果

任务描述

利用 CSS3 中 transform 属性的 skew()方法实现盒子模型的倾斜效果,如图 8-4 所示。

图 8-4　任务 3 效果

任务实现

8-3.html

```
<!doctype html>
<html>
<head>
<meta charset="utf-8">
<title>倾斜</title>
<style type="text/css">
div{
```

```
    margin: 0 auto;
    width:100px;
    height:100px;
    background:#147FFD;
    border-radius: 15px;
    text-align: center;
    color:#fff;
}
#div2{
    transform:skew(45deg,20deg);
    -ms-transform:skew(45deg,20deg);         /*IE9 浏览器兼容代码 */
    -webkit-transform:skew(45deg,20deg);     /*Safari 和 Chrome 浏览器兼容代码*/
    -moz-transform:skew(45deg,20deg);        /*Firefox 浏览器兼容代码*/
    -o-transform:skew(45deg,20deg);          /*Opera 浏览器兼容代码*/
}
</style>
</head>
<body>
<div>原位置</div>
<div id="div2">倾斜后</div>
</body>
</html>
```

知识点拨

利用 transform 属性的 skew()方法可以实现元素的倾斜效果，其用法和 translate()、scale()方法类似，基本语法格式如下。

```
transform:skew(x,y);
```

在上面的语法格式中，x 和 y 分别代表相对于 X 轴和 Y 轴倾斜的角度，如果省略了第二个参数，则其取默认值 0。

任务 4 定义 2D 旋转效果

任务描述

利用 CSS3 中 transform 属性的 rotate()方法实现素材图片在 2D 空间中旋转的效果。旋转后的效果如图 8-5 所示。

图 8-5　任务 4 效果

任务实现

8-4.html

```
<!doctype html>
<html>
<head>
<meta charset="utf-8">
<title>2D旋转</title>
<style type="text/css">
div{
    width: 500px;
    padding: 40px;
    border: 1px solid #96D9F2;
}
img {
    width: 200px;
```

```
}
img:nth-child(2) {
    -webkit-transform:rotate(45deg);
    -moz-transform:rotate(45deg);
    -ms-transform:rotate(45deg);
    -o-transform:rotate(45deg);
    transform:rotate(45deg);

}
</style>
</head>
<body>
<div>
    <img src="images/heathy.jpeg" alt=""/><img src="images/heathy.jpeg" alt=""/>
</div>
</body>
</html>
```

知识点拨

利用 transform 属性的 rotate()方法能够实现元素的旋转效果，主要在 2D 空间中进行操作，该方法中的参数允许出现负值，这时元素将进行逆时针旋转。rotate()方法的基本语法格式如下。

`transform:rotate(角度值);`

在上面的语法格式中，如果角度值为正值，则元素按照顺时针旋转，否则，按照逆时针旋转。

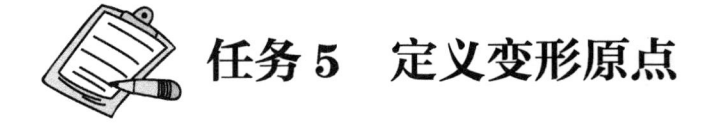

任务 5 定义变形原点

任务描述

利用 transform-origin 属性更改元素变形原点，实现元素变形效果。变形后的效果如图 8-6 所示。

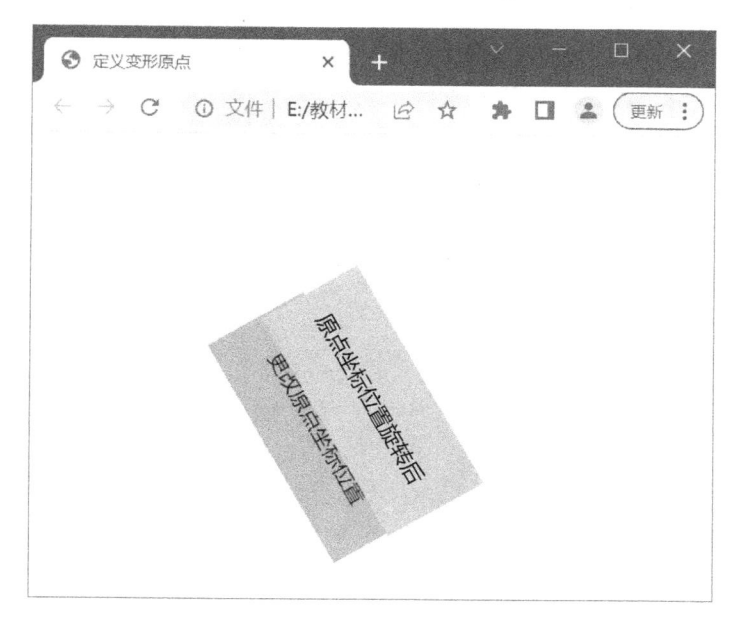

图 8-6 任务 5 效果

任务实现

8-5.html

```
<!doctype html>
<html>
<head>
<meta charset="utf-8">
<title>定义变形原点</title>
<style>
*{
    padding: 50px;
}
#box1{
    padding:30px;
    position:absolute;
    background-color:#F399CA;
    transform:rotate(60deg);              /*旋转60度*/
    -webkit-transform:rotate(60deg);      /*Safari 和 Chrome 浏览器兼容代码*/
    -ms-transform:rotate(60deg);          /*IE9 浏览器兼容代码 */
    transform-origin:30% 20%;             /*更改原点坐标的位置*/
    -webkit-transform-origin:30% 20%;     /*Safari 和 Chrome 浏览器兼容代码*/
    -ms-transform-origin:30% 20%;         /*IE9 浏览器兼容代码 */
}
#box2{
    padding:30px;
```

```
        position:absolute;
        background-color:#3AEFC3;
        transform:rotate(60deg);                /*旋转60度*/
        -webkit-transform:rotate(60deg);        /*Safari 和 Chrome 浏览器兼容代码*/
        -ms-transform:rotate(60deg);            /*IE9 浏览器兼容代码 */
}
</style>
</head>
<body>
<div id="box">
    <div id="box1">更改原点坐标位置</div>
    <div id="box2">原点坐标位置旋转后</div>
</div>
</body>
</html>
```

知识点拨

通过 transform 属性可以实现元素的平移、缩放、倾斜及旋转效果，这些变形操作是以元素的原点作为参照的。在默认情况下，元素的原点在 X 轴和 Y 轴的 50%位置，如果需要更改这个原点，就可以使用 transform-origin 属性，其基本语法格式如下。

```
transform-origin: x-axis y-axis z-axis;
```

在上面的语法格式中，每个属性值都代表一个偏移量，具体描述如表 8-1 所示。

表 8-1　transform-origin 属性值及其描述

属性值	描述
x-axis	定义元素被置于 X 轴的何处。可能的值有 left、center、right、length 或百分数
y-axis	定义元素被置于 Y 轴的何处。可能的值有 top、center、bottom、length 或百分数
z-axis	定义元素被置于 Z 轴的何处。可能的值有 length

任务 6　定义 3D 旋转效果

任务描述

利用 rotateX()、rotateY()、rotateZ()、translateZ()及 perspective 属性，制作一个可以实现 3D 旋转的"禁毒宣传标语"。旋转前后的效果分别如图 8-7 和图 8-8 所示。

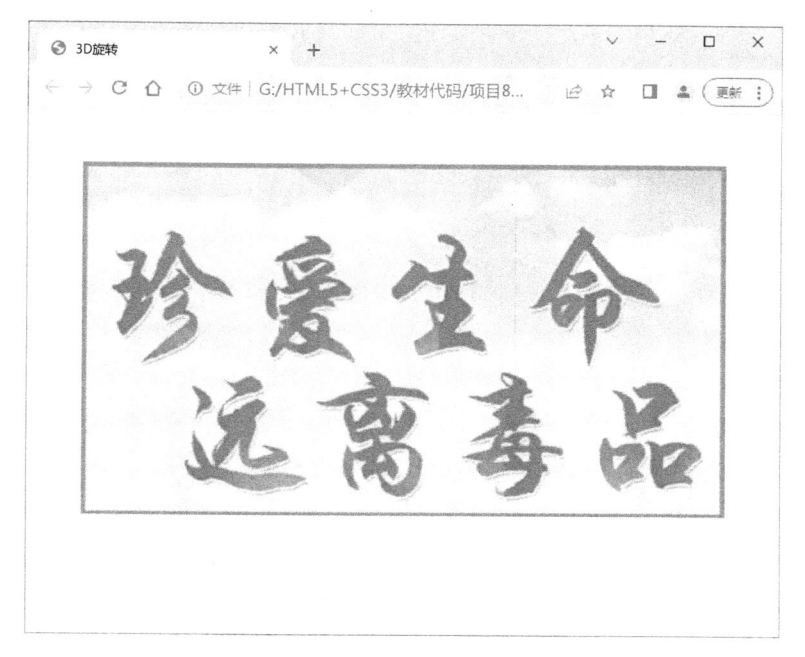

图 8-7　旋转前的效果

图 8-8　旋转后的效果

任务实现

8-6.html

```
<!doctype html>
<html>
<head>
<meta charset="utf-8">
<title>3D 旋转</title>
```

```css
<style type="text/css">
div{
    width: 600px;
    height: 330px;
    margin: 50px auto;
    border: 5px solid #09A642;
    position: relative;
    perspective:80000px;                          /*规定3D元素的透视效果*/
    -ms-perspective:80000px;                      /* IE9浏览器兼容代码 */
    -webkit-perspective:80000px;                  /* Safari和Chrome浏览器兼容代码 */
    -moz-perspective:80000px;                     /* Firefox浏览器兼容代码*/
    -o-perspective:80000px;                       /*Opera浏览器兼容代码*/
    transform-style:preserve-3d;                  /*规定被嵌套元素如何在3D空间中显示*/
    -ms-transform-style:preserve-3d;              /* IE9浏览器兼容代码 */
    -webkit-transform-style:preserve-3d;          /* Safari和Chrome浏览器兼容代码 */
    -moz-transform-style:preserve-3d;             /* Firefox浏览器兼容代码*/
    -o-transform-style:preserve-3d;               /*Opera浏览器兼容代码*/
    transition:all 1s ease 0s;                    /*设置过渡效果*/
    -webkit-transition:all 1s ease 0s;            /*Safari和Chrome浏览器兼容代码*/
    -moz-transition:all 1s ease 0s;               /*Firefox浏览器兼容代码*/
    -o-transition:all 1s ease 0s;                 /*Opera浏览器兼容代码*/
}
div:hover{
    transform:rotateY(-90deg);                    /* 设置旋转轴*/
    -ms-transform:rotateY(-90deg);                /* IE9浏览器兼容代码 */
    -webkit-transform:rotateY(-90deg);            /* Safari和Chrome浏览器兼容代码 */
    -moz-transform:rotateY(-90deg);               /* Firefox浏览器兼容代码*/
    -o-transform:rotateY(-90deg);                 /*Opera浏览器兼容代码*/
}
div img{
    position: absolute;
    top: 0;
    left: 0;
}
div img.one{
    transform:translateZ(100px);                  /* 设置旋转轴*/
    -ms-transform:rotateZ(100px);                 /* IE9浏览器兼容代码 */
    -webkit-transform:rotateZ(100px);             /* Safari和Chrome浏览器兼容代码 */
    -moz-transform:rotateZ(100px);                /* Firefox浏览器兼容代码*/
```

```
        -o-transform:rotateZ(100px);              /*Opera 浏览器兼容代码*/
        z-index: 2;
}
div img.two{
    transform:rotateY(90deg) translateZ(100px);                /* 设置旋转轴*/
    -ms-transform:rotateY(90deg) translateZ(100px);            /* IE9浏览器兼容代码 */
    -webkit-transform:rotateY(90deg) translateZ(100px);    /* Safari 和 Chrome 浏
览器兼容代码 */
    -moz-transform:rotateY(90deg) translateZ(100px);           /* Firefox 浏览器兼容代码*/
    -o-transform:rotateY(90deg) translateZ(100px);             /*Opera 浏览器兼容代码*/
border: 5px solid #09A642;
}
</style>
</head>
<body>
<div>
    <img class="one" src="images/du1.jpeg" width="600" alt="远离毒品">
    <img class="two" src="images/du2.jpeg" width="600" alt="毒品分类">
</div>
</body>
</html>
```

知识点拨

1. rotateX()

rotateX()方法用于在3D空间中使元素沿 X 轴旋转。它接收一个角度值作为参数，用于指定旋转的角度。当参数为正值时，元素按顺时针方向旋转；当参数为负值时，元素按逆时针方向旋转。

该方法的基本语法格式为 transform: rotateX(<angle>);，其中，<angle>表示旋转的角度，可以是正值或负值。正值表示按顺时针方向旋转，负值表示按逆时针方向旋转。

2. rotateY()、rotateZ()

rotateY()方法用于在3D空间中使元素沿 Y 轴旋转，用法同 rotateX()方法类似。

rotateZ()方法用于在3D空间中使元素沿 Z 轴旋转，用法同 rotateX()、rotateY()方法类似。

3. translateZ()

translateZ()方法用于在3D空间中沿 Z 轴重新定位元素，即从观察者的角度来看，元素会更近或更远。这个变换由一个长度值定义,指定元素向内或向外移动的距离。正值表示元素移向观察者,负值表示元素远离观察者。

该方法的基本语法格式为 transform: translateZ(z);,其中,z 代表在 Z 轴上的移动距离。

4. perspective 属性

CSS3 中的 perspective 属性用于设置从何处观察一个元素的角度,可以理解为视距,主要用于呈现良好的 3D 透视效果。其基本语法格式如下。

```
perspective: number|none;
```

在上面的语法格式中,number 指元素距视图的距离,单位为 px;none 表示不设置透视效果。透视效果由 number 决定,该值越小,透视效果越突出。

5. 知识补充:rotate3d()方法

rotate3d()方法用于在 3D 空间中围绕一个固定轴线旋转元素,而不使其变形,基本语法格式如下。

```
rotate3d(x,y,z,angle);
```

上述语法格式中各参数的描述如表 8-2 所示。

表 8-2　rotate3d()方法的参数及其描述

参数	描述
x	规定围绕 X 轴旋转的矢量值
y	规定围绕 Y 轴旋转的矢量值
z	规定围绕 Z 轴旋转的矢量值
angle	元素旋转的角度。如果角度为正值,则表示按顺时针方向旋转;如果角度为负值,则表示按逆时针方向旋转

任务 7　定义过渡效果

任务描述

利用 transition-property 属性,定义盒子模型由红色到绿色过渡的效果。过渡前后的效果分别如图 8-9 和图 8-10 所示。

图 8-9　过渡前的效果

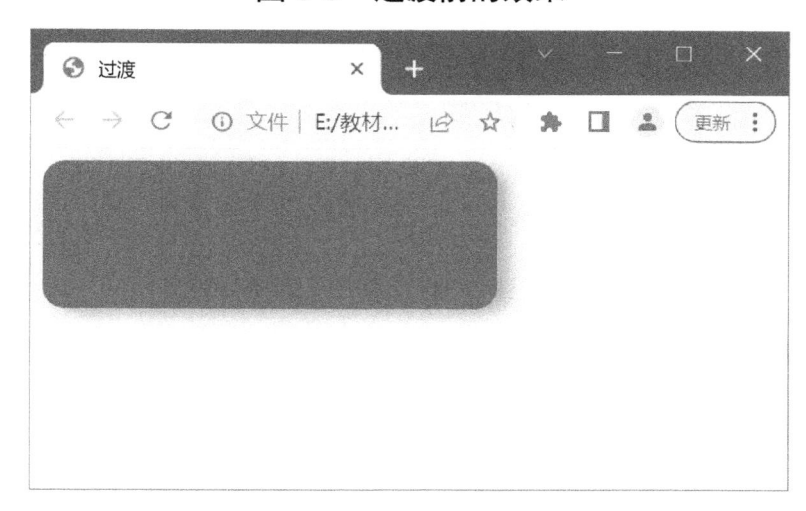

图 8-10　过渡后的效果

任务实现

8-7.html

```
<!doctype html>
<html>
<head>
<meta charset="utf-8">
<title>过渡</title>
<style type="text/css">
div {
    width: 300px;
    height: 100px;
    background: red;
    border-radius: 15px;
```

```
    box-shadow: 8px 4px 12px #999;
}
div:hover {
    background-color:green;
    transition-property: background-color;
    -webkit-transition-property: background-color;
    -moz-transition-property: background-color;
    -o-transition-property: background-color;
}
</style>
</head>
<body>
<div></div>
</body>
</html>
```

知识点拨

transition-property 属性用于设置过渡效果,基本语法格式如下。

`transition-property: none|all|property;`

上述语法格式中各属性值的具体描述如表 8-3 所示。

表 8-3 transition-property 属性值及其描述

属性值	描述
none	没有属性会获得过渡效果
all	所有属性都将获得过渡效果
property	定义应用过渡效果的 CSS3 属性名称列表,列表之间以逗号分隔

任务 8　设置过渡效果持续时间

任务描述

在任务 7 的基础上,利用 transition-duration 属性,为过渡效果加上过渡持续的时间,这样当鼠标指针悬停在元素上实现由红色到绿色的过渡时会有一个过渡过程,效果如图 8-11 所示。

项目 8 利用 CSS3 制作网页特效

（1）　　　　　　　　　　　　　　（2）

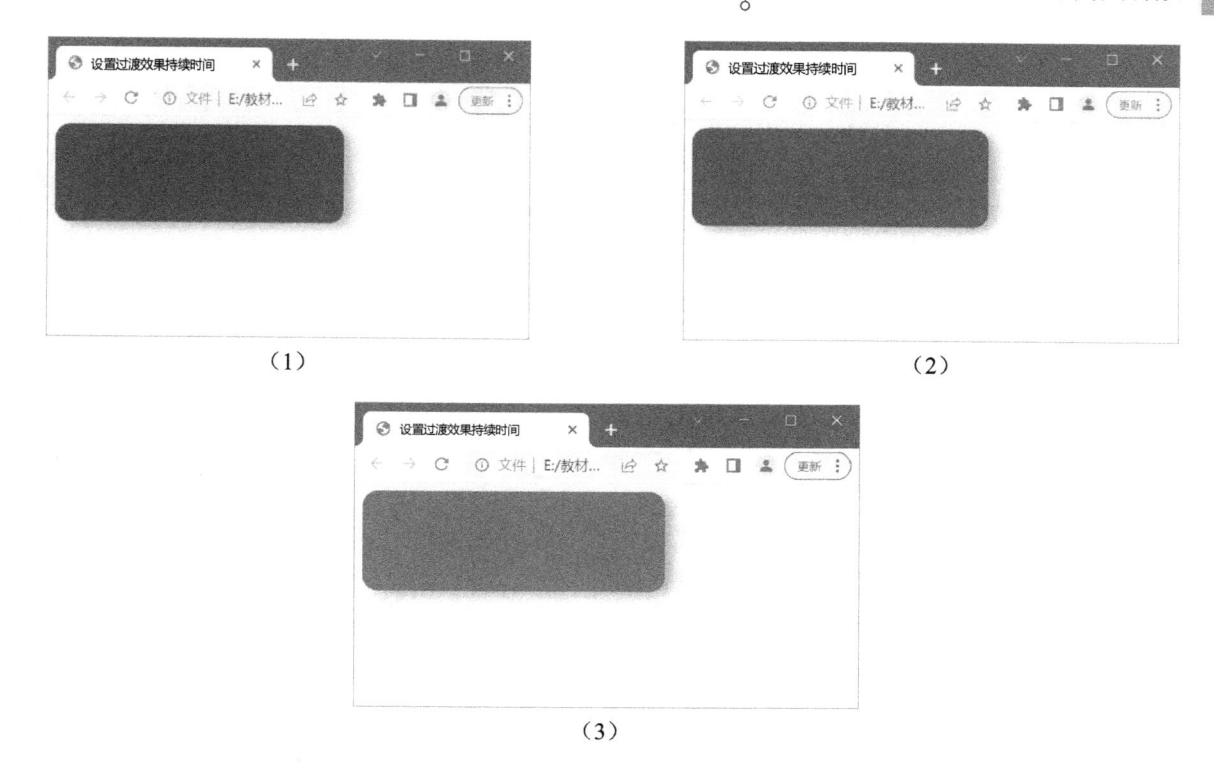

（3）

图 8-11　鼠标指针悬停时颜色的过渡过程

任务实现

8-8.html

```html
<!doctype html>
<html>
<head>
<meta charset="utf-8">
<title>设置过渡效果持续时间</title>
<style type="text/css">
div {
    width: 300px;
    height: 100px;
    background: red;
    border-radius: 15px;
    box-shadow: 8px 4px 12px #999;
}
div:hover {
    background-color:green;
    transition-property: background-color;
    -webkit-transition-property: background-color;
```

```
        -moz-transition-property: background-color;
        -o-transition-property: background-color;
        transition-duration: 8s;
    }
    </style>
    </head>
    <body>
    <div></div>
    </body>
    </html>
```

知识点拨

1. transition-duration 属性

transition-duration 属性用于定义过渡效果持续的时间，常用的单位是秒（s）或毫秒（ms），默认值为 0。其基本语法格式如下。

```
transition-duration: time;
```

2. 知识补充：transition-delay 属性

transition-delay 属性用于定义过渡动作从何时开始触发。其属性值可以为负值，当为负值时，过渡动作会从该时间点开始触发，之前的动作将被截断；当为正值时，过渡动作会延迟触发。其基本语法格式如下。

```
transition-delay: time;
```

读者可以在该任务的案例中尝试使用，这里就不再做案例补充了。

任务 9 定义过渡效果速度曲线

任务描述

结合前面学过的过渡效果相关属性，并利用 transition-timing-function 属性，定义当鼠标指针悬停在元素上时实现过渡动画效果，过渡动画过程如图 8-12 所示。

图 8-12　鼠标指针悬停时元素的过渡动画过程

任务实现

8-9.html

```
<!doctype html>
<html>
<head>
<meta charset="utf-8">
<title>定义过渡效果速度曲线</title>
<style type="text/css">
div{
    width:300px;
    height:300px;
    background-color:#5EB9F1;
    border:5px solid #F29BE4;
    }
div:hover{
    border-radius:80px;
    transition-property:border-radius;                  /*指定动画过渡的CSS3属性*/
    -webkit-transition-property:border-radius;          /*Safari和Chrome浏览器兼容代码*/
    -moz-transition-propertyborder-radius;              /*Firefox浏览器兼容代码*/
    -o-transition-property:border-radius;               /*Opera浏览器兼容代码*/
    transition-duration:5s;                             /*指定动画过渡的持续时间*/
    -webkit-transition-duration:5s;                     /*Safari和Chrome浏览器兼容代码*/
    -moz-transition-duration:5s;                        /*Firefox浏览器兼容代码*/
    -o-transition-duration:5s;                          /*Opera浏览器兼容代码*/
    transition-timing-function:ease-in-out;             /*指定动画以慢速开始和结束的过渡效果*/
    -webkit-transition-timing-function:ease-in-out;     /*Safari和Chrome浏览器兼容代码*/
    -moz-transition-timing-function:ease-in-out;        /*Firefox浏览器兼容代码*/
```

```
        -o-transition-timing-function:ease-in-out;         /*Opera 浏览器兼容代码*/
    }
</style>
</head>
<body>
<div></div>
</body>
</html>
```

知识点拨

transition-timing-function 属性用于定义过渡效果速度曲线，基本语法格式如下。

```
transition-timing-function:linear|ease|ease-in|ease-out|ease-in-out|cubic-bezier
(n,n,n,n);
```

从上面的语法格式中可以看出，transition-timing-function 属性的取值有多个，其中，默认值为"ease"，常见属性值及其描述如表 8-4 所示。

表 8-4　transition-timing-function 属性值及其描述

属性值	描述
linear	指定动画以相同速度开始至结束的过渡效果
ease	指定动画首先以慢速开始，然后变快，最后以慢速结束的过渡效果
ease-in	指定动画以慢速开始的过渡效果
ease-out	指定动画以慢速结束的过渡效果
ease-in-out	指定动画以慢速开始和结束的过渡效果
cubic-bezier(n,n,n,n)	定义自己想要的值。值的范围为 0~1

任务 10　制作 CSS3 动画效果

任务描述

结合前面学过的盒子模型相关属性，并利用 CSS3 动画中的 @keyframes（又称关键帧动画）及 animation 相关属性，定义小球在盒子模型中的动画效果。小球动画某一刻的效果截图如图 8-13 所示。

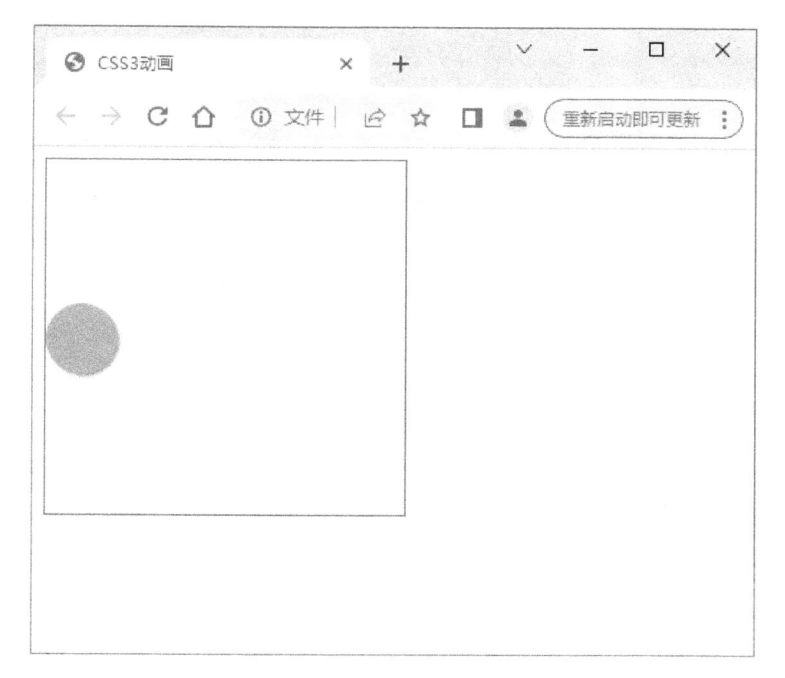

图 8-13 小球动画某一刻的效果截图

任务实现

8-10.html

```html
<!DOCTYPE html>
<html lang="zh-cn">
<head>
<meta charset="utf-8" />
<title>CSS3动画</title>
<style>
#box {
    position:relative;
    border:solid 1px #2775E0;
    width:250px;
    height:250px;
}
#ball {
    position:absolute;
    left:0;
    top:0;
    width: 50px;
    height: 50px;
    background: #F0839A;
```

```
    border-radius:50%;
    box-shadow: 2px 2px 2px #999;
    animation: mymove 8s linear infinite;
    -webkit-animation: mymove 8s linear infinite; /*Safari 和 Chrome 浏览器兼容代码*/
}
@keyframes mymove {
    0% {left:0;top:0;}
    25% {left:200px;top:0;}
    50% {left:200px;top:200px;}
    75% {left:0;top:200px;}
    100% {left:0;top:0;}
}
@-webkit-keyframes mymove{
    0% {left:0;top:0;}
    25% {left:200px;top:0;}
    50% {left:200px;top:200px;}
    75% {left:0;top:200px;}
    100% {left:0;top:0;}
}
</style>
</head>
<body>
<div id="box">
    <div id="ball"></div>
</div>
</body>
</html>
```

知识点拨

1. @keyframes

@keyframes 是一种 CSS 规则，用于定义动画序列，指定了动画从开始到结束的各个关键帧。在@keyframes 中指定某项 CSS 样式，就能创建由当前样式逐渐变为新样式的动画效果。在动画运行过程中可以多次更改 CSS 样式，使用百分比（%）来规定改变发生的时间，或者通过关键字 from 和 to，其等价于 0%和 100%。0%是动画的开始时间，100%是动画的结束时间。该任务中设定了从 0%→25%→50%→75%→100%的动画过程。

注意：IE 10、Firefox 及 Opera 浏览器支持@keyframes 规则，Chrome 和 Safari 需要添加前

缀-webkit-。-moz-代表 Firefox 浏览器内核识别码、-o-代表 Opera 浏览器内核识别码。本书建议使用 Chrome 浏览器，该任务中的-webkit-正是针对 Chrome 浏览器设置的兼容代码。

2. animation 属性

animation 属性用于实现动画，包括以下几个子属性：animation-name、animation-duration、animation-timing-function、animation-delay、animation-iteration-count、animation-direction、animation-fill-mode、animation-play-state。其基本语法格式如下。

```
animation: animation-name animation-duration animation-timing-function animation-delay animation-iteration-count animation-direction animation-fill-mode animation-play-state;
```

animation 属性值及其描述如表 8-5 所示。

表 8-5　animation 子属性及其描述

子属性	描述
animation-name	动画名称
animation-duration	指定动画需要多少秒或毫秒播放完成
animation-timing-function	控制动画的速度曲线
animation-delay	设置动画在启动前的延迟间隔
animation-iteration-count	定义动画的播放次数
animation-direction	定义动画播放的方向
animation-fill-mode	指定当动画不播放时（当动画播放完成时，或当动画有一个延迟未开始播放时），要应用到元素的样式
animation-play-state	指定动画是否正在播放

在该任务中，animation: mymove 8s linear infinite;将几个属性值集合在一起，分开后就是：

```
animation-name: mymove;
animation-duration:8s;
animation-timing-function:linear;
animation-iteration-count:infinite;
```

其中，animation-timing-function 属性值及其描述如表 8-6 所示。

表 8-6　animation-timing-function 属性值及其描述

属性值	描述
linear	动画从头到尾的运行速度是相同的
ease	默认值。动画以低速开始播放，然后加快，在结束播放前速度变慢
ease-in	动画以低速开始播放
ease-out	动画以低速结束播放

续表

属性值	描述
ease-in-out	动画以低速开始和结束播放
steps(int,start|end)	指定了时间函数中的间隔数（步长）。该函数有两个参数，第一个参数用于指定函数的间隔数，该参数值是一个正整数（大于 0）。第二个参数是可选的，含义分别如下。 start：在动画开始播放时执行过渡； end：在动画结束播放时执行过渡
cubic-bezier(n,n,n,n)	设置自己想要的值。可取值的范围是 0～1

animation-iteration-count 属性值为数字或 infinite：数字代表动画的播放次数，infinite 代表循环播放。

另外，animation 属性与浏览器的兼容性和@keyframes 类似，这里不再详细讲解。

项目实战　制作"旋转的 3D 相册"页面

项目分析

1. 结构分析

根据本项目效果可以看出，网页由一个大盒子构成，其中包含了一个承载相册图片的容器，结构很简单。

2. 样式分析

通过本项目的动态效果（读者可自行运行代码进行查看）可以看出，该 3D 旋转相册在旋转过程中可以看到前面、后面、左边、右边、上面的图片，所以在定义样式时，首先要定义盒子（box）本身及承载相册的容器（container）的样式，然后定义容器及鼠标指针悬停时的旋转动画效果，接着对各个可看到图片的方向面定义公共样式（.side），并采用绝对定位，最后分别对各个可看到图片的方向面定义变形及旋转效果。值得注意的是，所有关于动画的样式定义必须考虑浏览器的兼容情况。

项目实施

1. 搭建网页结构

根据结构分析，使用 HTML5 标签搭建网页结构，参考代码如下。

index.html

```
<!doctype html>
```

```html
<!doctype html>
<html>
<head>
<meta charset="utf-8">
<title>旋转的 3D 相册</title>
</head>
<body>
<div class="box">
    <div class="container">
        <div class="side front"><img src="images/1.jpg" alt="" width="196"></div>
        <div class="side back"><img src="images/2.jpg" alt="" width="196"></div>
        <div class="side left"><img src="images/3.jpg" alt="" width="196"></div>
        <div class="side right"><img src="images/4.jpg" alt="" width="196"></div>
        <div class="side top"><img src="images/5.jpg" alt="" width="196"></div>
    </div>
</div>
</body>
</html>
```

2. 定义网页 CSS3 样式

搭建完网页结构后，接下来为网页添加 CSS3 样式。在本案例中，CSS3 采用内嵌式的引用方式，在<title></title>与<head></head>之间嵌入 CSS3 代码（读者可自行尝试），参考代码如下。

style.css

```css
<style type="text/css">
.box {
    width: 300px;
    height: 300px;
    margin: 0px auto;
    position: relative;
    perspective: 500px;
    -webkit-perspective: 500px;
    -moz-perspective: 500px;
    -ms-perspective: 500px;
    -o-perspective: 500px;
}
.container {
    top: 50%;
```

```css
    left: 20%;
    margin: 100px auto;
    position: absolute;
    -webkit-transform: translateZ(-100px);
    -moz-transform: translateZ(-100px);
    -ms-transform: translateZ(-100px);
    -o-transform: translateZ(-100px);
    transform: translateZ(-100px);
    transform-style: preserve-3d;
    -webkit-transform-style: preserve-3d;
    -moz-transform-style: preserve-3d;
    -ms-transform-style: preserve-3d;
    -o-transform-style: preserve-3d;
}
.container:hover {
    animation: picture 5s linear infinite;
    -moz-animation: picture 5s linear infinite;
    -o-animation: picture 5s linear infinite;
    -webkit-animation: picture 5s linear infinite;
}
.side {
    width: 196px;
    height: 196px;
    border: 1px solid red;
    position: absolute;
}
.front {
    transform: translateZ(100px);
    -webkit-transform: translateZ(100px);
    -moz-transform: translateZ(100px);
    -ms-transform: translateZ(100px);
    -o-transform: translateZ(100px);
}
.back {
    transform: rotateY(180deg) translateZ(100px);
    -webkit-transform: rotateY(180deg) translateZ(100px);
    -moz-transform: rotateY(180deg) translateZ(100px);
    -ms-transform: rotateY(180deg) translateZ(100px);
    -o-transform: rotateY(180deg) translateZ(100px);
}
```

```css
.left {
    transform: rotateY(-90deg) translateZ(100px);
    -webkit-transform: rotateY(-90deg) translateZ(100px);
    -moz-transform: rotateY(-90deg) translateZ(100px);
    -ms-transform: rotateY(-90deg) translateZ(100px);
    -o-transform: rotateY(-90deg) translateZ(100px);
}
.right {
    transform: rotateY(90deg) translateZ(100px);
    -webkit-transform: rotateY(90deg) translateZ(100px);
    -moz-transform: rotateY(90deg) translateZ(100px);
    -ms-transform: rotateY(90deg) translateZ(100px);
    -o-transform: rotateY(90deg) translateZ(100px);
}
.top {
    transform: rotateX(90deg) translateZ(100px);
    -webkit-transform: rotateX(90deg) translateZ(100px);
    -moz-transform: rotateX(90deg) translateZ(100px);
    -ms-transform: rotateX(90deg) translateZ(100px);
    -o-transform: rotateX(90deg) translateZ(100px);
}
@keyframes picture {
 0% {
transform:rotateY(0deg)
}
 100% {
transform:rotateY(360deg)
}
}
@-webkit-keyframes picture {
 0% {
 -webkit-transform:rotateY(0deg);
 transform:rotateY(0deg)
}
 100% {
 -webkit-transform:rotateY(360deg);
 transform:rotateY(360deg)
}
}
@-moz-keyframes picture {
```

```
0% {
-moz-transform:rotateY(0deg);
transform:rotateY(0deg)
}
100% {
-moz-transform:rotateY(360deg);
transform:rotateY(360deg)
}
}
@-ms-keyframes picture {
0% {
-ms-transform:rotateY(0deg);
transform:rotateY(0deg)
}
100% {
-ms-transform:rotateY(360deg);
transform:rotateY(360deg)
}
}
@-o-keyframes picture {
0% {
-o-transform:rotateY(0deg);
transform:rotateY(0deg)
}
100% {
-o-transform:rotateY(360deg);
transform:rotateY(360deg)
}
}
</style>}
```

项目小结

本项目利用 CSS3 中的变形、过渡和动画相关属性及前面所学的盒子模型相关知识制作了一个"旋转的 3D 相册"页面。通过对项目各任务的学习，读者能够熟练利用 CSS3 中的变形、过渡和动画相关属性及不同属性值为网页添加动态特效。

拓展任务

拓展任务 1：模拟本项目的任务 6，制作一个"产品宣传"页面，要求一面为产品图片，另一面为产品宣传广告语,素材可从网上查询。

拓展任务2:利用过渡相关属性完成图8-14所示效果,当鼠标指针悬停在某行文本上时,文本慢慢变高亮。

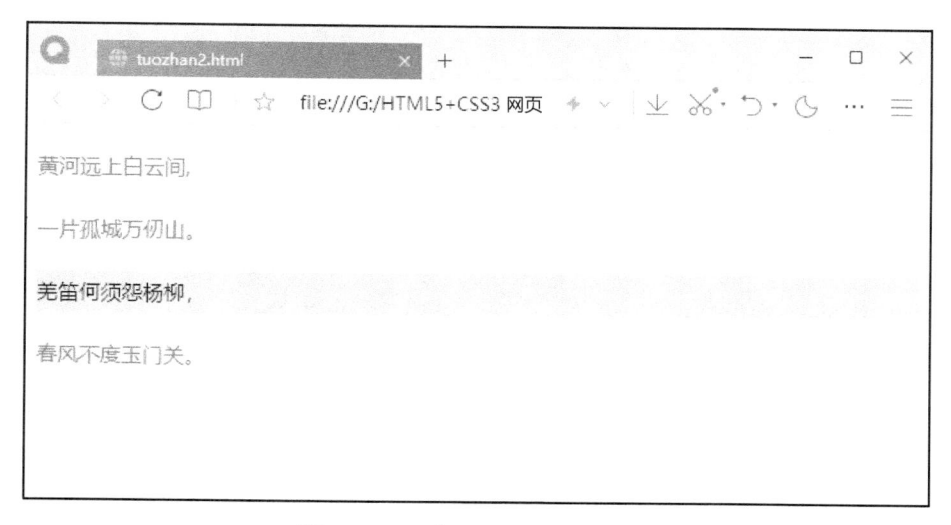

图 8-14 拓展任务 2 效果

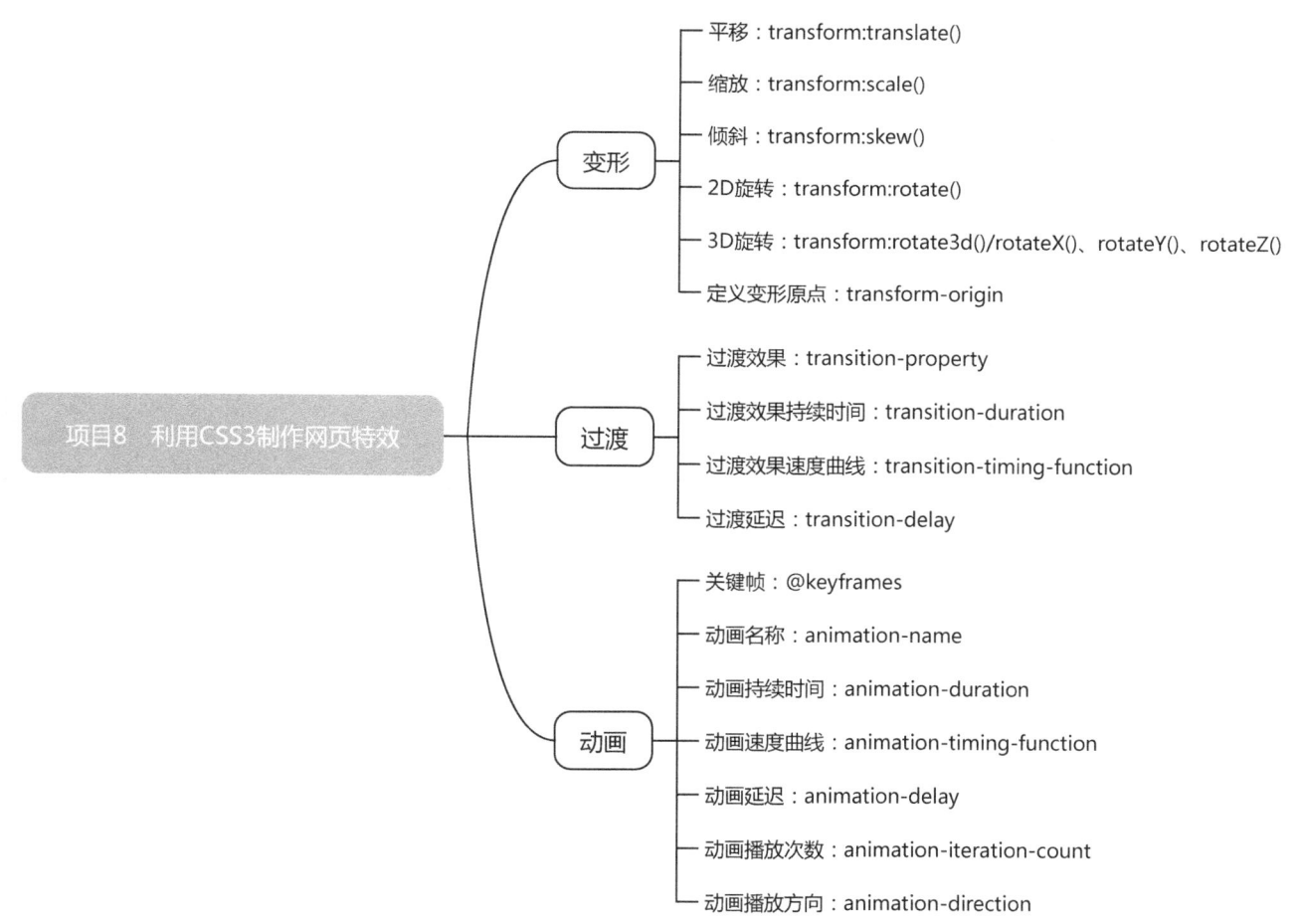

知识小结

项目8 利用CSS3制作网页特效
- 变形
  - 平移:transform:translate()
  - 缩放:transform:scale()
  - 倾斜:transform:skew()
  - 2D旋转:transform:rotate()
  - 3D旋转:transform:rotate3d()/rotateX()、rotateY()、rotateZ()
  - 定义变形原点:transform-origin
- 过渡
  - 过渡效果:transition-property
  - 过渡效果持续时间:transition-duration
  - 过渡效果速度曲线:transition-timing-function
  - 过渡延迟:transition-delay
- 动画
  - 关键帧:@keyframes
  - 动画名称:animation-name
  - 动画持续时间:animation-duration
  - 动画速度曲线:animation-timing-function
  - 动画延迟:animation-delay
  - 动画播放次数:animation-iteration-count
  - 动画播放方向:animation-direction

课后习题

一、选择题

1. 在下列选项中，用于定义过渡效果持续时间的属性是（　　）。
   A. transition-property　　　　　　　B. transition-duration
   C. transition-timing-function　　　　D. transition-delay

2. 在 transition-timing-function 属性值中，可以用于指定过渡效果以慢速开始和结束的是（　　）。
   A. ease　　　　　　　　　　　　　B. ease-out
   C. ease-in　　　　　　　　　　　　D. ease-in-out

3. 在下列选项中，能够让元素倾斜显示的方法是（　　）。
   A. translate()　　　　　　　　　　B. scale()
   C. skew()　　　　　　　　　　　　D. rotate()

4. 在下列选项中，可以指定元素围绕 Y 轴旋转的方法是（　　）。
   A. rotateX()　　　　　　　　　　　B. rotateY()
   C. rotateZ()　　　　　　　　　　　D. rotate3d()

5. 在下列选项中，用于定义动画播放次数的属性值是（　　）。
   A. animation-iteration-count　　　　B. animation-timing-function
   C. animation-delay　　　　　　　　D. animation-direction

二、填空题

1. transition-duration 属性的默认值为＿＿＿＿＿＿。

2. ＿＿＿＿＿＿方法用于设置变形效果。

3. 用于定义过渡效果持续时间的属性是＿＿＿＿＿＿。

4. 用于定义动画播放之前延迟间隔的属性是＿＿＿＿＿＿。

5. 用于定义当前动画播放方向的属性是＿＿＿＿＿＿。

项目 9

实战开发——制作信息技术网站首页

● 项目描述

通过对前面几个项目的学习，读者已经基本熟练掌握了 HTML5 标签、CSS3 样式的设置方法，能对网页进行布局并美化网页样式，并能适当添加动画效果。本项目旨在运用前面所学的知识，完成一个信息技术网站首页的制作，让读者体验制作一个完整网站项目的流程。

● 项目规划

在搭建网站之前，一般要先对网站进行一个整体的规划。网站规划主要包括确定网站主题、规划网站结构、收集素材、设计效果图。

1. 确定网站主题

信息技术网站是一个传播新兴信息技术的平台，用于介绍当下流行的信息技术。网站以蓝色和白色为主要色调，橙色为辅助色调，该配色适用于科技信息类网站。网站以简洁、清晰为主要风格。

2. 规划网站结构

在对网站进行规划时，可在草稿上或利用画图工具做好网站的结构设计。一个网站主要包含网页头部、导航、内容主体部分和尾部，内容主体部分可根据模块再进行细分。有了一个大概的结构后，在编写网页结构代码时也会胸有成竹。

3. 收集素材

规划好网站结构后，就要根据网站主题、风格等搜集合适的素材。素材包括文本素材和图片素材等。对于文本素材，可以在同行业网站中收集整理，也可在相关主题报刊中提取内容并进行加工，将其转化为网站原创内容。在搜集图片素材时可根据网站主题、风格等搜集合适的图片，也可在相关图像编辑软件中设计与整合网站所需的图片素材。图 9-1 所示为设计与整合后的 banner（横幅）图。

图 9-1　设计与整合后的 banner 图

4. 设计效果图

（1）在开始制作效果图之前，要先明确设计需求与目标，了解网站内容的定位及想要传达的信息，为后续效果图的制作提供明确的指导方向。

（2）制作网页效果图需要使用合适的工具，目前常用的包括 Photoshop、Sketch、Illustrator 等，读者可根据个人喜好进行选择。

（3）选好工具后，就要进行草图与布局的设计，重点是要确定网站的整体风格、色彩搭配、页面结构等，可以手绘，也可以使用工具绘制草图，清晰表达自己的设计思路。

（4）完成草图与布局设计后，就可以制作效果图了，大致流程如下：确定页面元素、制作素材、排版与布局、调整色彩搭配、调整细节。

项目 9 实战开发——制作信息技术网站首页

● **项目效果**

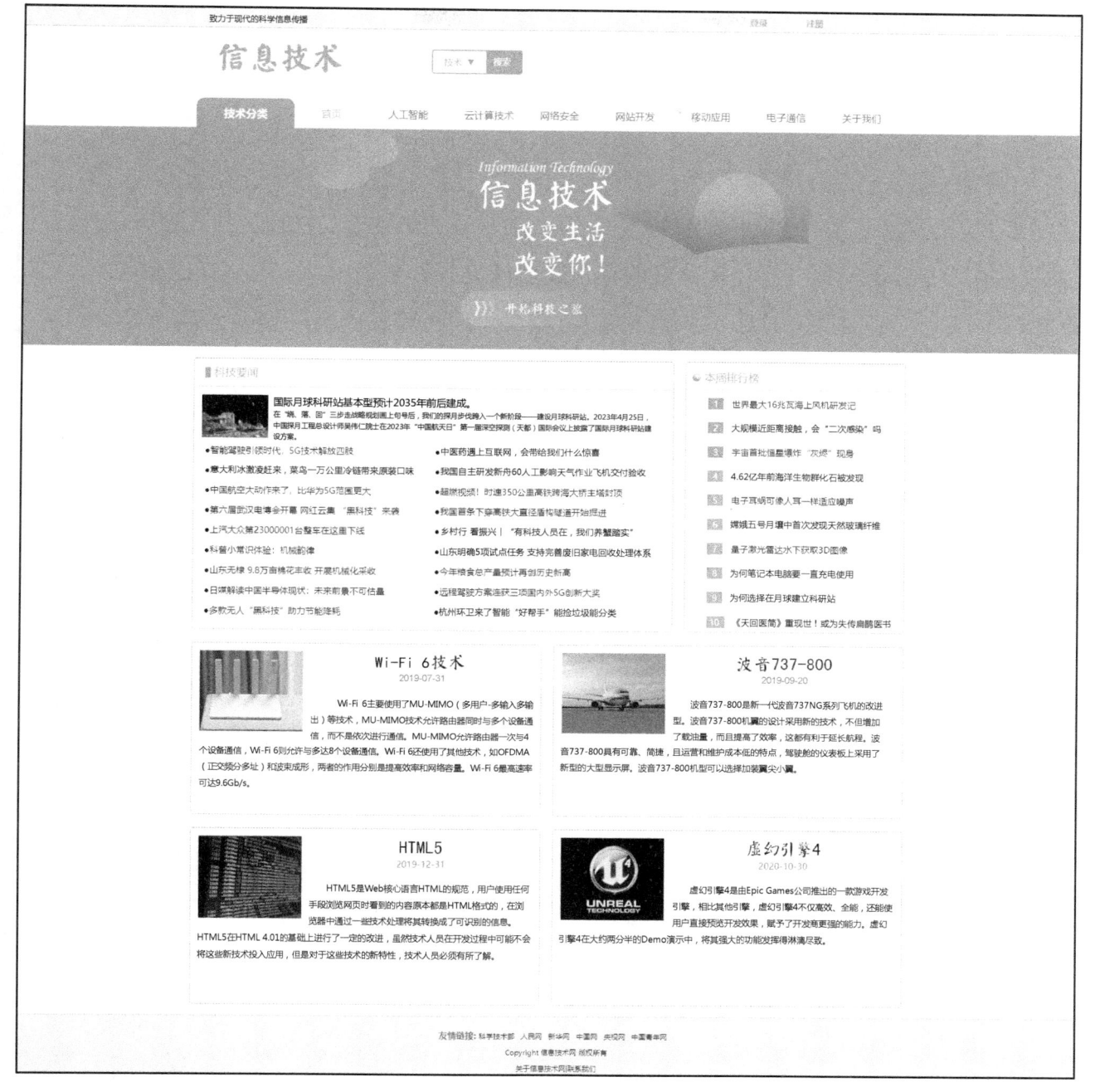

项目实施

1. 创建站点

站点对于网站的维护很重要。在编写网站代码之前，必须先创建网站的站点，下面使用 Dreamweaver 创建信息技术网站的站点，步骤如下。

1) 创建网站根目录

选择合适的存盘位置，新建一个文件夹作为网站根目录，在其中新建一个文件并将其命名为"project 9"。

2)在网站根目录下新建站点所需文件夹

在网站根目录下新建 images(图像)文件夹、css 文件夹、font(字体)文件夹,后续读者可根据需要添加其他文件夹。

3)建立站点

打开 Dreamweaver,在菜单栏中选择"站点"→"新建站点"命令,在弹出的对话框中输入相关站点名称,并选择站点根目录的存储位置,点击"保存"按钮,站点即可创建成功(如果使用 VS Code,则可直接将选好的根目录文件夹打开并引入,这里不再截图演示),如图 9-2 所示。

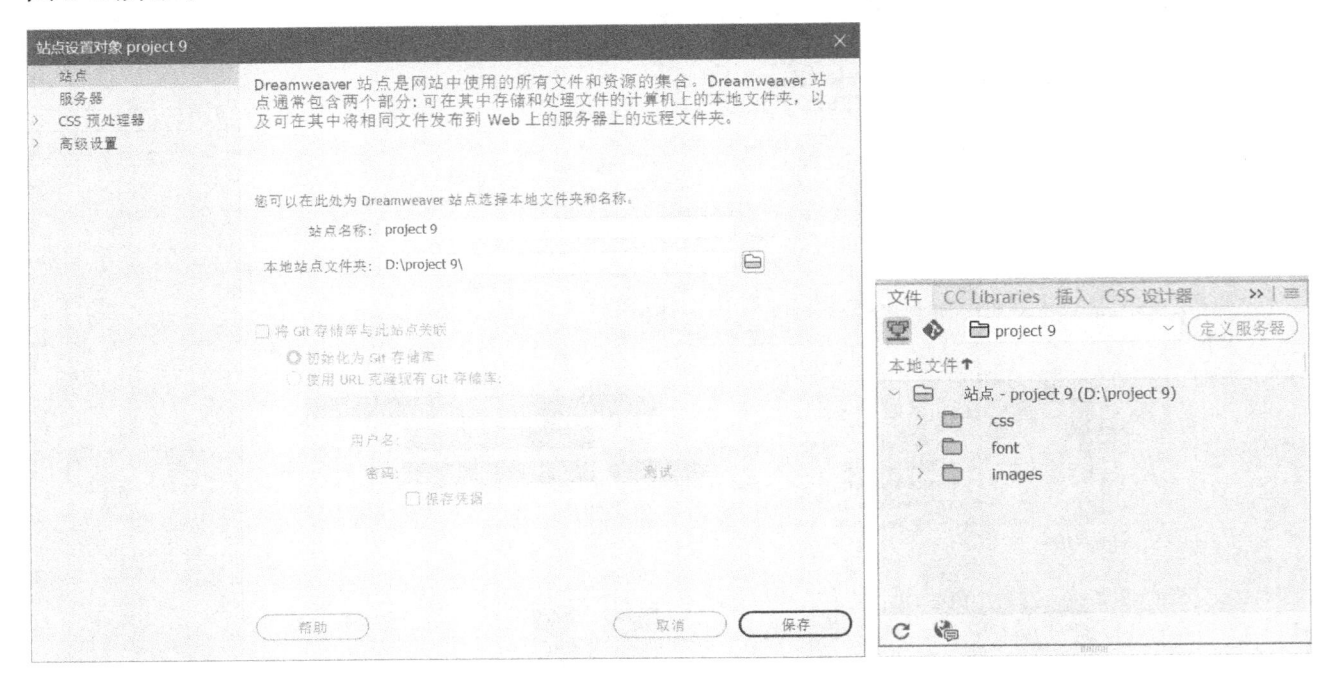

图 9-2 建立站点

2. 制作首页

1)搭建 HTML5 网页结构

新建 index.html 页面并将其保存在站点根目录文件夹中。打开该页面,编写 HTML5 头部、导航、内容主体部分、尾部的结构代码,具体参考如下。

index.html

```html
<!doctype html>
<html>
<head>
<meta charset="utf-8">
<title>信息技术</title>
```

```html
<link href="css/index.css" type="text/css" rel="stylesheet"/>
<link rel="shortcut icon" type="images/icon" href="images/logo.png"/> <!--网页标题上出现的Logo-->
</head>
<body>
<header>
    <font>致力于现代的科学信息传播</font>
    <a class="login" href="#">登录 </a>
    <a class="register" href="#">注册</a>
</header>
<br/>
<font class="title">信息技术</font>
<div class="drop">
    <button class="dropt">技术  ▼</button>
    <div class="dropdown">
        <a href="#">产品  ▲</a>
    </div>
</div>
<div class="sousuo">搜索</div>
<br/>
<br/>
<br/>
<br/>
<br/>
<div class="nav_box">
    <div class="menu">
        <button class="menut">技术分类</button>
        <div class="jishu_box">
            <a class="jishu" href="#" target="_self">智能手机<br/><span>小米 </span><span>华为  </span><span>三星 </span><span>苹果</span></a>
            <a class="jishu" href="#" target="_self">计算机配件<br/> <span>CPU </span><span>主板 </span><span>内存 </span><span>显卡</span></a>
            <a class="jishu" href="#" target="_self">计算机网络应用<br/><span>通信 </span><span>办公自动化 </span><span>信息系统 </span> <span>远程教育</span></a>
            <a class="jishu" href="#" target="_self">新兴领域<br/><span>虚拟现实 </span><span>物联网 </span><span>区块链 </span>新兴领域</a>
            <a class="jishu" href="#" target="_self">直播课程<br/> <span>教程 </span><span>案例 </span><span>实战 </span></a>
```

```html
            </div>
        </div>
        <a class="current_nav" href="#">   首页  </a>
        <a class="nav" href="#">人工智能</a>
        <a class="nav" href="#">云计算技术</a>
        <a class="nav" href="#">网络安全</a>
        <a class="nav" href="#">网站开发</a>
        <a class="nav" href="#">移动应用</a>
        <a class="nav" href="#">电子通信</a>
        <a class="nav" href="#">关于我们</a>
</div>
<div class="banner_box">
    <div class="banner">
    </div>
</div>
<br/>
<div class="big_box">
    <div class="lw_box">
        <p class="lw_title">| 科技要闻</p>
        <div class="lw_xian"></div>
        <div class="news">
            <img class="news_img" src="images/news_img.jpg" alt=""/>
            <a class="news_nav">国际月球科研站基本型预计2035年前后建成。</a>
            <br/>
            <span>在"绕、落、回"三步走战略规划画上句号后，我们的探月步伐跨入一个新阶段——建设月球科研站。2023年4月25日，中国探月工程总设计师吴伟仁院士在2023年"中国航天日"第一届深空探测（天都）国际会议上披露了国际月球科研站建设方案。</span>
        </div>
        <div class="xw_box"><a class="xw_nav" href="#">&#9679;智能驾驶引领时代，5G技术解放四肢</a></div>
        <div class="xw_box"><a class="xw_nav" href="#">&#9679;中医药遇上互联网，会带给我们什么惊喜</a></div>
        <div class="xw_box"><a class="xw_nav" href="#">&#9679;意大利冰激凌赶来，菜鸟一万公里冷链带来原装口味</a></div>
        <div class="xw_box"><a class="xw_nav" href="#">&#9679;我国自主研发新舟60人工影响天气作业飞机交付验收</a></div>
        <div class="xw_box"><a class="xw_nav" href="#">&#9679;中国航空大动作来了，比华为5G范围更大</a></div>
        <div class="xw_box"><a class="xw_nav" href="#">&#9679;超燃视频！时速350
```

公里高铁跨海大桥主塔封顶</a></div>
            <div class="xw_box"><a class="xw_nav" href="#">●第六届武汉电博会开幕 网红云集 "黑科技" 来袭</a></div>
            <div class="xw_box"><a class="xw_nav" href="#">●我国首条下穿高铁大直径盾构隧道开始掘进</a></div>
            <div class="xw_box"><a class="xw_nav" href="#">●上汽大众第23000001台整车在这里下线</a></div>
            <div class="xw_box"><a class="xw_nav" href="#">●乡村行 看振兴 | "有科技人员在，我们养蟹踏实"</a></div>
            <div class="xw_box"><a class="xw_nav" href="#">●科普小常识体验：机械韵律</a></div>
            <div class="xw_box"><a class="xw_nav" href="#">●山东明确5项试点任务 支持完善废旧家电回收处理体系</a></div>
            <div class="xw_box"><a class="xw_nav" href="#">●山东无棣 9.8 万亩棉花丰收 开展机械化采收</a></div>
            <div class="xw_box"><a class="xw_nav" href="#">●今年粮食总产量预计再创历史新高</a></div>
            <div class="xw_box"><a class="xw_nav" href="#">●日媒解读中国半导体现状：未来前景不可估量</a></div>
            <div class="xw_box"><a class="xw_nav" href="#">●远程驾驶方案连获三项国内外 5G 创新大奖</a></div>
            <div class="xw_box"><a class="xw_nav" href="#">●多款无人 "黑科技" 助力节能降耗</a></div>
            <div class="xw_box"><a class="xw_nav" href="#">●杭州环卫来了智能 "好帮手" 能捡垃圾能分类</a></div>
        </div>
        <div class="ph_box">
            <p class="ph_title">☯ 本周排行榜</p>
            <div class="lw_xian"></div>
            <div class="lzj_box">
                <a class="lzj_sum" href="#"> 1 </a><a class="lzj_nav" href="#">世界最大 16 兆瓦海上风机研发记</a>
            </div>
            <div class="lzj_box">
                <a class="lzj_sum" href="#"> 2 </a><a class="lzj_nav" href="#">大规模近距离接触，会 "二次感染" 吗</a>
            </div>
            <div class="lzj_box">
                <a class="lzj_sum" href="#"> 3 </a><a class="lzj_nav"

```html
href="#">宇宙首批恒星爆炸"灰烬"现身</a>
    </div>
    <div class="lzj_box">
        <a class="zjw_sum" href="#">  4  </a><a class="lzj_nav" href="#">4.62亿年前海洋生物群化石被发现</a>
    </div>
    <div class="lzj_box">
        <a class="zjw_sum" href="#">  5  </a><a class="lzj_nav" href="#">电子耳蜗可像人耳一样适应噪声</a>
    </div>
    <div class="lzj_box">
        <a class="zjw_sum" href="#">  6  </a><a class="lzj_nav" href="#">嫦娥五号月壤中首次发现天然玻璃纤维</a>
    </div>
    <div class="lzj_box">
        <a class="zjw_sum" href="#">  7  </a><a class="lzj_nav" href="#">量子激光雷达水下获取3D图像</a>
    </div>
    <div class="lzj_box">
        <a class="zjw_sum" href="#">  8  </a><a class="lzj_nav" href="#">为何笔记本电脑要一直充电使用</a>
    </div>
    <div class="lzj_box">
        <a class="zjw_sum" href="#">  9  </a><a class="lzj_nav" href="#">为何选择在月球建立科研站</a>
    </div>
    <div class="lzj_box">
        <a class="zjw_sum" href="#"> 10  </a><a class="lzj_nav" href="#">《天回医简》重现世!或为失传扁鹊医书</a>
    </div>
</div>
<div class="id_card1">
    <div class="card_img">
        <img class="card_img1" src="images/card_img1.png" alt=""/>
        <img class="card_img2" src="images/card_img2.png" alt=""/>
    </div>
    <p class="card_title">Wi-Fi 6技术</p>
    <p class="cname">2019-07-31</p>
    <br/>
```

```html
        <p class="card_part">Wi-Fi 6主要使用了MU-MIMO（多用户-多输入多输出）等技术，
MU-MIMO技术允许路由器同时与多个设备通信，而不是依次进行通信。MU-MIMO允许路由器一次与4个
设备通信，Wi-Fi 6则允许与多达8个设备通信。Wi-Fi 6还使用了其他技术，如OFDMA（正交频分多
址）和波束成形，两者的作用分别是提高效率和网络容量。Wi-Fi 6最高速率可达9.6Gb/s。</p>
    </div>
    <div class="id_card2">
        <div class="card_img">
            <img class="card_img1" src="images/card_img3.png" alt=""/>
            <img class="card_img2" src="images/card_img4.png" alt=""/>
        </div>
        <p class="card_title">波音737-800</p>
        <p class="cname">2019-09-20</p>
        <br/>
        <p class="card_part">波音737-800是新一代波音737NG系列飞机的改进型。波音737-
800机翼的设计采用新的技术，不但增加了载油量，而且提高了效率，这都有利于延长航程。波音737-
800具有可靠、简捷，且运营和维护成本低的特点，驾驶舱的仪表板上采用了新型的大型显示屏。波音737-
800机型可以选择加装翼尖小翼。</p>
    </div>
    <div class="id_card1">
        <div class="card_img">
            <img class="card_img1" src="images/card_img5.png" alt=""/>
            <img class="card_img2" src="images/card_img6.png" alt=""/>
        </div>
        <p class="card_title">HTML5</p>
        <p class="cname">2019-12-31</p>
        <br/>
        <p class="card_part">HTML5是Web核心语言HTML的规范，用户使用任何手段浏览网页
时看到的内容原本都是HTML格式的，在浏览器中通过一些技术处理将其转换成了可识别的信息。HTML5
在HTML 4.01的基础上进行了一定的改进，虽然技术人员在开发过程中可能不会将这些新技术投入应用，
但是对于这些技术的新特性，技术人员必须有所了解。</p>
    </div>
    <div class="id_card2">
        <div class="card_img">
            <img class="card_img1" src="images/card_img7.png" alt=""/>
            <img class="card_img2" src="images/card_img8.png" alt=""/>
        </div>
        <p class="card_title">虚幻引擎4</p>
        <p class="cname">2020-10-30</p>
        <br/>
```

```html
        <p class="card_part">虚幻引擎 4 是由 Epic Games 公司推出的一款游戏开发引擎，相比其他引擎，虚幻引擎 4 不仅高效、全能，还能使用户直接预览开发效果，赋予了开发商更强的能力。虚幻引擎 4 在大约两分半的 Demo 演示中，将其强大的功能发挥得淋漓尽致。</p>
        </div>
</div>
  <footer>
        <p><span>友情链接: </span><a href="#">科学技术部</a>   <a href="#">人民网</a>   <a href="#">新华网</a>   <a href="#">中国网</a>   <a href="#">央视网</a>   <a href="#">中国青年网</a>   </p>
        <p>Copyright 信息技术网 版权所有</p>
        <p><a href="#">关于信息技术网</a>|<a href="#">联系我们</a></p>
</footer>
</body>
</html>
```

2）定义网页 CSS3 样式

新建一个 CSS 文件，将其命名为 index.css。打开该文件，编写首页 CSS3 样式代码，具体参考如下。

index.css

```css
@charset "utf-8";
/* CSS Document */
@font-face{
    font-family: 书体坊颜体;
    src:url(../font/书体坊颜体.ttf);
}
*{
    margin: 0;
    padding: 0;
}
header{
    width: 100%;
    height: 28px;
    background-color: rgba(241,241,241,1.00);
    border-bottom: 1px solid #74beeb;
    padding-top: 7px;
}
header font{
```

```css
    font-size: 15px;
    margin-left: 350px;
    float: left;
    cursor: pointer;
    transition: all 0.5s ease 0s;
    -webkit-transition: all 0.5s ease 0s;
    -moz-transition: all 0.5s ease 0s;
    -o-transition: all 0.5s ease 0s;
    -ms-transition: all 0.5s ease 0s;
}
header font:hover{
    color: #74beeb;
}
.login{
    width: 81px;
    height: 28px;
    background-color: rgba(252,68,71,0.00);
    float: left;
    color: #7a8a99;
    text-decoration: none;
    margin-top: -7px;
    margin-left: 800px;
    padding-top: 7px;
    padding-left: 22px;
    font-weight: bold;
    transition: all 0.5s ease 0s;
    -webkit-transition: all 0.5s ease 0s;
    -moz-transition: all 0.5s ease 0s;
    -o-transition: all 0.5s ease 0s;
    -ms-transition: all 0.5s ease 0s;
}
.register{
    width: 81px;
    height: 28px;
    background-color: rgba(252,68,71,0.00);
    float: left;
    color: #7a8a99;
    text-decoration: none;
```

```css
    margin-top: -7px;
    padding-top: 7px;
    padding-left: 22px;
    font-weight: bold;
    transition: all 0.5s ease 0s;
    -webkit-transition: all 0.5s ease 0s;
    -moz-transition: all 0.5s ease 0s;
    -o-transition: all 0.5s ease 0s;
    -ms-transition: all 0.5s ease 0s;
}
.login:hover,.register:hover{
    color: white;
    background-color:#00b2b8;
}
.title{
    font-size: 58px;
    font-family: 书体坊颜体;
    font-weight: bold;
    color: #00b2b8;
    margin-left: 350px;
    float: left;
}
.drop{
    margin-top: 16px;
    margin-left: 160px;
    position: relative;
    display: inline-block;
    float: left;
}
.dropt{
    width: 100px;
    height: 45px;
    background-color: rgba(0,0,0,0.00);
    border: 2px solid #00b2b8;
    border-right: 1px solid #00b2b8;
    border-top-left-radius: 5px;
    border-bottom-left-radius: 5px;
    font-size: 16px;
```

```css
    color: #00b2b8;
    cursor: pointer;
}
.dropdown{
    width: 96px;
    height: 45px;
    display: none;
    position: absolute;
    background-color: rgba(249,0,4,0.00);
    border: 2px solid #00b2b8;
    margin-top: -2px;
}
.dropdown a{
    padding-top: 10px;
    padding-left: 20px;
    color: #00b2b8;
    text-decoration: none;
    display: block;
}
.drop:hover .dropdown{
    display: block;
}
.dropt:hover{
    border-bottom-left-radius: 0px;
}
input{
    width: 400px;
    height: 41px;
    border: 2px solid #00b2b8;
    border-left: 0px solid #00b2b8;
    margin-top: 16px;
    float: left;
}
.sousuo{
    width: 53px;
    height: 35px;
    background-color: #00b2b8;
    float: left;
```

```css
    color: rgba(255,255,255,1.00);
    font-size: 16px;
    margin-top: 16px;
    border-bottom-right-radius: 5px;
    border-top-right-radius: 5px;
    padding-top: 10px;
    padding-left: 12px;
    cursor: pointer;
}
.nav_box{
    width: 1300px;
    height: 55px;
    background-color: rgba(181,4,7,0.00);
    margin: 0 auto;
    margin-top: 5px;
}
.menu{
    float: left;
    position: relative;
    display: inline-block;
}
.menut{
    width: 180px;
    height: 55px;
    background-color: #00b2b8;
    border: 0px solid rgba(255,255,255,0.00);
    color: white;
    font-size: 20px;
    font-weight: bold;
    border-top-left-radius: 15px;
    border-top-right-radius: 15px;
    cursor: pointer;
}
.jishu_box{
    width: 180px;
    height: 404px;
    background-color: rgba(0,0,0,0.59);
    display: none;
```

```css
}
.jishu{
    width: 165px;
    height: 65px;
    background-color: rgba(225,221,255,0.00);
    color: white;
    text-decoration: none;
    border-bottom: 1px dashed rgba(255,255,255,0.24);
    display: block;
    padding-top: 15px;
    padding-left: 15px;
    transition: all 0.38s ease 0s;
    -webkit-transition: all 0.38s ease 0s;
    -moz-transition: all 0.38s ease 0s;
    -o-transition: all 0.38s ease 0s;
    -ms-transition: all 0.38s ease 0s;
}
.menu:hover .jishu_box{
    display: block;
}
.jishu:hover{
    background-color: rgba(0,0,0,0.38);
    color: #f49329;
}
.jishu span{
    font-size: 8px;
    color: rgba(199,199,199,1.00);
    transition: all 0.38s ease 0s;
    -webkit-transition: all 0.38s ease 0s;
    -moz-transition: all 0.38s ease 0s;
    -o-transition: all 0.38s ease 0s;
    -ms-transition: all 0.38s ease 0s;
}
.jishu span:hover{
    color: #f49329;
}
.current_nav{
    width: 105px;
```

```css
    height: 40px;
    float: left;
    text-decoration: none;
    color: #f49329;
    margin-top: 5px;
    padding-left: 33px;
    font-family: "微软雅黑";
    font-size: 18px;
    padding-top: 10px;
}
.current_nav:hover{
    color: #74beeb;
    background-image: linear-gradient(0deg,#f49329 0%,rgba(0,0,0,0.00) 8%);
}
.nav{
    width: 105px;
    height: 40px;
    float: left;
    text-decoration: none;
    color: rgba(60,60,60,1.00);
    margin-top: 5px;
    padding-left: 33px;
    font-family: "微软雅黑";
    font-size: 18px;
    padding-top: 10px;
    transition: all 0.5s ease 0s;
    -webkit-transition: all 0.5s ease 0s;
    -moz-transition: all 0.5s ease 0s;
    -ms-transition: all 0.5s ease 0s;
    -o-transition: all 0.5s ease 0s;
}
.nav:hover{
    background-color: #00b2b8;
    color: white;
}
.banner_box{
    width: 100%;
    height: 404px;
```

```css
    background-color: #00b2b8;
}
.banner{
    width: 939px;
    height: 404px;
    margin: 0 auto;
    background-image:url(../images/banner.png);
}
.big_box{
    width: 1300px;
    background-color: rgba(0,0,0,0.00);
    margin: 0 auto;
    overflow: hidden;
}
.lw_box{
    width: 875px;
    height: 500px;
    border: 1px dashed #00b2b8;
    border-radius: 5px;
    float: left;
}
.lw_title{
    font-size: 20px;
    color: #00b2b8;
    margin-top: 10px;
    margin-left: 10px;
    margin-bottom: 10px;
}
.lw_xian{
    width: 100%;
    height: 1px;
    background-color: aqua;
}
.news{
    width: 830px;
    height: 80px;
    background-color: rgba(252,66,69,0.00);
    margin: 0 auto;
```

```css
    margin-top: 15px;
    padding-right: 15px;
}
.news_img{
    width: 120px;
    height: 80px;
    margin-right: 10px;
    float: left;
}
.news_nav{
    color: rgba(0,0,0,1.00);
    text-decoration: none;
    font-size: 18px;
    transition: all 0.38s ease 0s;
    -webkit-transition: all 0.38s ease 0s;
    -moz-transition: all 0.38s ease 0s;
    -o-transition: all 0.38s ease 0s;
    -ms-transition: all 0.38s ease 0s;
}
.news_nav:hover{
    color: #f49329;
}
.news span{
    font-size: 13px;
    color: rgba(75,75,75,1.00);
    text-indent: 2em;
}
.xw_box{
    width: 400px;
    height: 25px;
    background-color: rgba(0,0,0,0.00);
    float: left;
    margin-left: 20px;
    margin-top: 12px;
}
.xw_nav{
    text-decoration: none;
    color: black;
```

```css
    transition: all 0.38s ease 0s;
    -webkit-transition: all 0.38s ease 0s;
    -moz-transition: all 0.38s ease 0s;
    -o-transition: all 0.38s ease 0s;
    -ms-transition: all 0.38s ease 0s;
}
.xw_nav:hover{
    color: #f49329;
}
.ph_box{
    width: 400px;
    height: 500px;
    border: 1px dashed #00b2b8;
    border-radius: 5px;
    float: right;
}
.ph_title{
    font-size: 20px;
    color: #00b2b8;
    margin-top: 13px;
    margin-left: 10px;
    margin-bottom: 10px;
}
.lzj_box{
    width: 350px;
    height: 30px;
    background-color: rgba(188,165,255,0.00);
    margin: 0 auto;
    margin-top: 10px;
    padding-top: 5px;
    padding-left: 30px;
}
.lzj_box a{
    text-decoration: none;
}
.lzj_sum{
    background-color: #00b2b8;
    color: white;
```

```css
        margin-right: 15px;
}
.zjw_sum{
    background-color: #f49329;
    color: white;
    margin-right: 15px;
}
.lzj_nav{
    color: black;
    transition: all 0.38s ease 0s;
    -webkit-transition: all 0.38s ease 0s;
    -moz-transition: all 0.38s ease 0s;
    -o-transition: all 0.38s ease 0s;
    -ms-transition: all 0.38s ease 0s;
}
.lzj_nav:hover{
    color: #f49329;
}
.id_card1,.id_card2{
    width: 607px;
    height: 290px;
    border: 1px dashed #00b2b8;
    cursor: pointer;
    border-radius: 5px;
    margin-top: 25px;
    padding: 15px;
    transition: all 0.5s ease 0s;
    -webkit-transition: all 0.5s ease 0s;
    -moz-transition: all 0.5s ease 0s;
    -o-transition: all 0.5s ease 0s;
    -ms-transition: all 0.5s ease 0s;
}
.id_card1{
    float: left;
}
.id_card2{
    float: right;
}
```

```css
.id_card1:hover,.id_card2:hover{
    box-shadow: 2px 2px 5px rgba(0,0,0,0.50);
}
.card_img{
    width: 188px;
    height: 150px;
    background-color: rgba(235,85,88,1.00);
    float: left;
    margin-right: 15px;
    position: relative;
    perspective: 50000px;
    transform-style: preserve-3d;
    transition: all 1s ease 0s;
    -webkit-perspective: 50000px;
    -moz-perspective: 50000px;
    -o-perspective: 50000px;
    -ms-perspective: 50000px;
    -webkit-transform-style: preserve-3d;
    -moz-transform-style: preserve-3d;
    -o-transform-style: preserve-3d;
    -ms-transform-style: preserve-3d;
    -webkit-transition: all 1s ease 0s;
    -moz-transition: all 1s ease 0s;
    -o-transition: all 1s ease 0s;
    -ms-transition: all 1s ease 0s;
}
.card_img:hover{
    transform: rotateY(-90deg);
}
.card_img1,.card_img2{
    position: absolute;
    top: 0;
    left: 0px;
}
.card_img1{
    transform: translateZ(94px);
    z-index: 2;
}
```

```css
.card_img2{
    transform: rotateY(90deg) translateZ(94px);
}
.card_title{
    font-size: 32px;
    font-family: 书体坊颜体;
    text-align: center;
}
.id_card1 .cname{
    text-align: center;
    color: rgba(98,98,98,1.00);
}
.card_part{
    text-indent: 2em;
    line-height: 30px;
}
.id_card2 .cname{
    text-align: center;
    color: rgba(98,98,98,1.00);
}

footer{
    width: 100%;
    height: 80px;
    background-color: rgba(241,241,241,1.00);
    border-top: 1px dashed #74beeb;
    font-size: 13px;
    margin-top: 20px;
    padding: 20px;
}
footer p{
    text-align: center;
    line-height: 30px;
}
footer p span{
    font-size: 16px;
    color: red;
    font-weight: bold;
```

```
}
footer a{
    text-decoration: none;
    color: #000000;
}
footer a:hover{color:red}
```

由于篇幅有限,导航中其他子页面,以及登录、注册页面的制作可以作为学有余力的读者自行拓展的任务。

项目小结

本项目结合前面项目所学的重点知识,完成了一个网站综合项目——信息技术网站首页的制作,并带领读者熟悉了网站项目前端开发中前期静态网页制作的内容,希望读者学有所获。